Celestial

Art

Exhibition

天体の事典
Celestial Art Exhibition

梅田あいな 著

国立天文台上席教授 渡部潤一 監修

西東社

Introduction

　この本は、2022年に自主制作した画集を土台に誕生しました。

　宇宙や天体は、わたしにとって創作意欲をかきたてられる大切な存在です。今までもイラスト制作の多くの場面でインスピレーションを受けてきました。そんな大好きな宇宙をテーマにした作品を作りたいと思い、画集の制作に取りかかったのが2019年のことです。そこに収録したイラストは、私の宇宙や天体への想いを込めたファンアートのような作品たちです。これらを制作する過程でもっとも重要だったのは、天体についての知識を深めることでした。より多くの情報を得ることでさまざまなアイデアが湧き、アウトプットに大きく役立ちました。

そこで、宇宙や天体が好きな人や、創作活動をする人に役立つ本を目指してオリジナルの画集を進化させたのが、この「Celestial Art Exhibition 天体の事典」です。国立天文台の渡部潤一上席教授ご監修のもと、天文学的な基本情報に加えて、創作に役立つ神話や雑学などを詰め込み、創作者のバイブルとして手元に置いておける「事典」という形にまとめました。もちろん、天体に興味のある方やイラストを眺めるのが好きな方にも楽しんでいただけると思います。

　タイトルにある「Celestial Art Exhibition」は天体の美術展を意味します。宇宙にあるあまたの天体はひとつとして同じものはなく、そのどれもが非常に美しく、未知の星々の世界について思いを巡らす時間は、まるで美術鑑賞を思わせます。美術展の作品を眺めるように、本書を堪能していただければ幸いです。この場をお借りして、監修いただいた渡部上席教授、本書を手に取っていただいたみなさま、SNSでわたしを見つけてくださったフォロワーのみなさまに深く御礼申し上げます。

梅田あいな

Contents

Chapter 1
太陽系の天体

宙のメモ
ギリシア神話と天体   054

Chapter 2
太陽系外の天体

| 宙のメモ
心に響く宙の表現　098

Chapter 3
星　座

✴ Celestial data collection　136

✴ Celestial art collection　154
✴ Celestial art making　158

※天体イラストは天体のイメージをイラスト化したものであり、天体の特徴を忠実に再現したものではありません。

※本書は特に明記しない限り、2023年11月現在の情報に基づいています。

＊本書の見方＊

天体をイメージした
イラスト

天体の名前

天体の英語名

天体イラスト

天体の説明

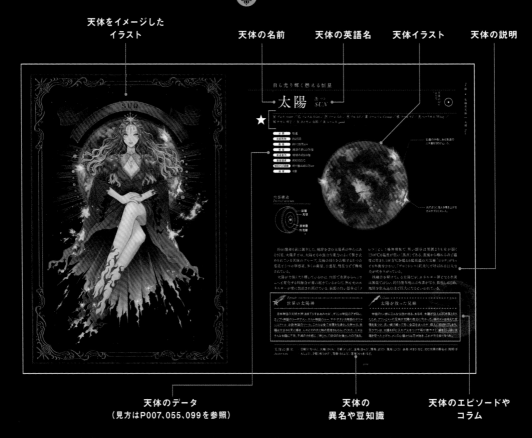

天体のデータ
（見方はP007、055、099を参照）

天体の
異名や豆知識

天体のエピソードや
コラム

★…主要な天体の外国語名（独 ドイツ語、仏 フランス語、伊 イタリア語、西 スペイン語、露 ロシア語、羅 ラテン語、希 ギリシア語、
韓 韓国語、中 中国語、亜 アラビア語）
※発音表記（カナ）は厳密に記すことが難しいため、さまざまな表記を参考に、原音を重視しながら慣用性も考慮して表記している。

＊本書の基本用語＊

恒星（こうせい）	大量のガスやちりなどを原料に、自らが光り輝く天体。太陽も恒星のひとつ。夜空に輝く数えきれないほどの星々のほとんどが恒星。
惑星（わくせい）	恒星の重力に影響を受けて、その周りを公転し、自らは輝かない天体のこと。恒星が発する光を反射して光る。地球も惑星のひとつ。
衛星（えいせい）	惑星の周りを公転している天体のこと。月は地球にとって唯一の衛星。太陽系の惑星のうち、水星と金星以外は衛星をもっている。
彗星（すいせい）	主に氷やちりでできた小天体。太陽に近づくと光り輝き、長い尾を引く。もともと太陽系の外縁部に起源をもつ。

星座（せいざ）	２世紀にギリシアの天文学者プトレマイオスが48の星座を定め、その多くが今に受け継がれている。現在の星座の総数は88。
星雲（せいうん）	星と星の間に漂う星間物質（ガスやちりなど）が特に濃い部分を星雲という。さまざまな種類があり、新たな星が誕生する星雲もある。
星団（せいだん）	恒星の群れを星団という。星が不規則に群れている「散開星団」と、球状に密集している「球状星団」の２種類がある。
銀河（ぎんが）	重力で引かれ合った恒星やガス、ちり、謎の物質ダークマターなどで構成された大集団。形や色などでさまざまな種類に分かれる。

Chapter *1*

太陽系の天体

Celestial Bodies of The Solar System

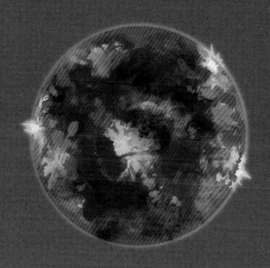

地球をはじめとした8つの惑星、月などの衛星、準惑星、彗星など。
太陽の重力につなぎとめられた、太陽系の天体たちを紹介する。

データの見方

分類	その天体の種類。恒星、惑星、衛星、彗星が登場する。	**質量**	その天体の質量を、地球を基準として「地球の約○倍」と表している。
確定番号	軌道が確定している衛星や小惑星に割り振られた番号。	**赤道重力**	赤道地点での重力を、地球を基準として「地球の約○倍」と表している。
自転周期	その天体が自転運動する周期。	**平均温度**	その天体の平均温度。太陽と月は表面温度を記している。
公転周期	その天体が公転運動する周期。	**○○からの距離**	惑星は太陽からの距離、衛星はその衛星が属する惑星からの距離を表している。
直径	その天体の直径。	**衛星**	その惑星がもつ衛星の数。

太陽

[英] サン
SUN

天体の記号
Symbol

[独] ゾンネ Sonne ／ [仏] ソレイユ Soleil ／ [伊] ソーレ Sole ／ [西] ソル Sol ／ [露] ソーンツェ Солнце ／ [羅] ソール Sol ／ [希] ヘーリオス Ἥλιος ／ [韓] テヤン 태양 ／ [中] タイヤン 太阳 ／ [亜] シャムス شمس

分 類	恒星
自転周期	約25日
直 径	約139万km
質 量	地球の約33万倍
赤道重力	地球の約28倍
表面温度	約6000℃
地球からの距離	約1億4960万km
惑 星	8個

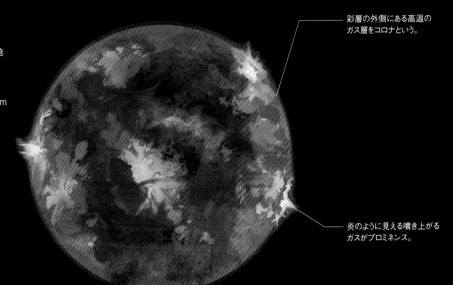

彩層の外側にある高温の
ガス層をコロナという。

炎のように見える噴き上がる
ガスがプロミネンス。

内部構造
Internal structure

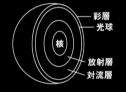

彩層
光球
核
放射層
対流層

　約46億年も前に誕生した、地球を含む太陽系の中心にある恒星。太陽系とは、太陽とその強力な重力によって繋ぎ止められている天体のグループ。太陽の周りを公転する8つの惑星と5つの準惑星、多くの衛星、小惑星、彗星などで構成されている。

　太陽が力強く光り輝いているのは、内部で水素からヘリウムへと変化する核融合が常に起きているからだ。熱と光のエネルギーが常に放出され続けている。表面の白い部分は「フレア」という爆発現象で、黒い部分は周囲よりも光が弱く1500℃も温度が低い「黒点」である。表面から離れるほど温度は高まり、100万℃を超える超高温の大気層「コロナ」がもっとも外側をおおい、「プロミネンス（紅炎）」と呼ばれる巨大な炎が吹き上がっている。

　核融合を続けている太陽だが、エネルギー源となる水素は無限ではない。約55億年後には水素が尽き、膨張しはじめ、地球を飲み込むほど巨大になるといわれている。

Episode　世界の太陽神

　日本神話の天照大神（あまてらすおおみかみ）、ギリシャ神話のアポロン、エジプト神話のラーやアメン、ケルト神話のルー、マヤ・アステカ神話のケツァルコアトル、北欧神話のソール。これらは全て太陽を化身とした神々だ。太陽は太古から天に輝き、人々にその光と熱の恩恵をもたらしてくれた。人々はそんな太陽に不死、不滅の力を感じ、「神」として信仰の対象としたのである。

Column　太陽を救った兄妹

　中国のトン族にこんな伝説が残る。ある時、太陽が巨人に叩き落とされたため、クワンとメンの兄妹が太陽の救出に向かった。妹のメンは冷えた太陽を見つけ、長い綱で縛って兄に合図を送ったが、巨人に殺されてしまう。兄クワンは、太陽を炉に入れて火をつけて再び燃やすと、綱を引っ張り太陽を空へと上げた。メンの心臓からは花が咲き、これが向日葵となった。

天体の異名
Another name
　日輪（にちりん）、火輪（かりん）、日華（にっか）、金烏（きんう）、陽烏（よう）、黒烏（こくう）、赤烏（せきう）など。沈む太陽の異名は、残照（ざんしょう）、夕影（ゆうかげ）、落陽（らくよう）、落暉（らっき）など。

水星

[英] マーキュリー
MERCURY

[独] メルクーア Merkur ／ [仏] メルキュール Mercure ／ [伊] メルクーリョ Mercurio ／ [西] メルクリオ Mercurio ／ [露] ミルクーリイ Меркурий ／
[羅] メルクリウス Mercurius ／ [希] ヘルメース Ερμης ／ [韓] スソン 수성 ／ [中] シュイシン 水星 ／ [亜] ウターリド عطارد

分類	惑星
自転周期	約59日
公転周期	約88日
直径	約4879km
質量	地球の約0.06倍
赤道重力	地球の約0.38倍
平均温度	約167℃
太陽からの距離	約5790万km
衛星	0個

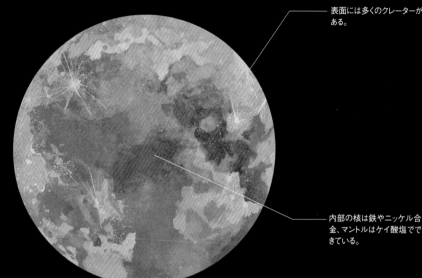

表面には多くのクレーターがある。

内部の核は鉄やニッケル合金、マントルはケイ酸塩でできている。

内部構造
Internal structure

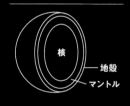

核／地殻／マントル

　地球の5分の2ほどの大きさで、太陽にもっとも近いところを回っている太陽系最小の岩石惑星。太陽の熱が容赦なく降り注ぎ、昼間は430℃にも達する。一方で、水星には大気がほとんどないため熱をためておくことができず、夜は一転して−160℃にまで冷え込む。水星は約59日かけてゆっくりと自転しながら、約88日という非常に速い公転周期で太陽を1周する。そのため、水星の1日は約176日もある。灼熱の昼が88日続いたのち、極寒の闇が88日広がるという、過酷すぎる極端な特徴をもっているのだ。

　岩石と金属でできたこの惑星の表面には、月のようにたくさんのクレーターがあり、隕石の激しい衝突の歴史を物語っている。なかでも「カロリス盆地」は直径約1550kmにも及び、地球型惑星で最大の盆地ともいわれる。また、北極や南極にあるクレーターの内部には太陽の光がまったく届かない「永久影」という領域があり、そこに純粋な水の氷が存在することが明らかになっている。

✴ *Episode*
俊足の神の名を持つ惑星

　水星は英語で「マーキュリー」。ギリシア神話では伝令の神ヘルメス（ローマ神話ではメルクリウス）のことで、地球より公転速度が速く、星空を素早く動いているように見えたことから、イタズラ好きで知性溢れる俊足の神が当てられた。ゼウスの子であるヘルメスは、生まれた日にゆりかごから抜け出し、太陽神アポロから神の牛を鮮やかに盗み出してみせた。

✒ *Column*
水星の神と錬金術

　ヘルメスは錬金術の神としても知られている。2世紀頃に古代ローマの学者プトレマイオスが記した占星術書『テトラビブロス』では、惑星を地上の金属と結びつけ、水星を水銀に対応させた。水銀は錬金術において重要な金属と考えられている。そのため、水銀＝水星の神ヘルメスは錬金術の神として崇められ、その英知で賢者の石を作り出せると信じられた。

天体の豆知識
Tidbits of the star

水星のマークは、ヘルメスの持つ魔法の杖「ケリュケイオン」をモチーフにしたもの。柄には2匹の蛇が巻きつき、上部に翼がついている。

金星

[英] ヴィーナス
VENUS

惑星記号
Symbol ♀

[独] ヴェーヌス Venus ／ [仏] ヴェニュス Vénus ／ [伊] ヴェネレ Venere ／ [西] ベヌス Venus ／ [露] ヴェニェーラ Венера ／ [羅] ウェヌス Venus ／ [希] アフロディーティ Αφροδίτη ／ [韓] クムソン 금성 ／ [中] ジンシン 金星 ／ [亜] ズハーラ الزهرة

分 類	惑星
自転周期	約243日
公転周期	約225日
直 径	約1万2104km
質 量	地球の約0.8倍
赤道重力	地球の約0.91倍
平均温度	約464℃
太陽からの距離	約1億820万km
衛 星	0個

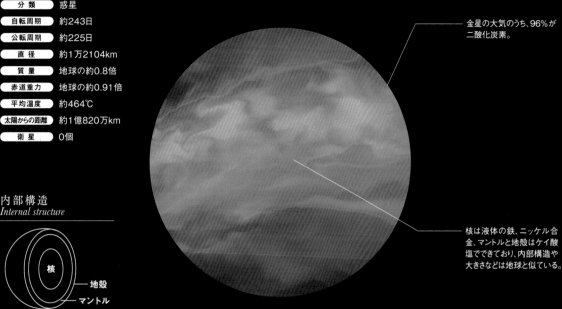

金星の大気のうち、96%が二酸化炭素。

核は液体の鉄、ニッケル合金、マントルと地殻はケイ酸塩でできており、内部構造や大きさなどは地球と似ている。

内部構造
Internal structure

核
地殻
マントル

　太陽から2番目に近い距離にある金星は、地球とサイズも密度も似ている兄弟のような岩石惑星である。太陽に近いので地球からは日の出前と日の入り後しか見えないが、地球に近いうえ、分厚い雲が太陽光を反射するので、非常に明るい。そのため、「一番星」として古代からその存在が知られている。

　その環境は非常に過酷で、大地は高温で乾いており、空では暴風が荒れ狂う。火山活動が盛んで、山や谷があるデコボコの地表が広がっており、北極の近くにある「イシュタル大陸」、赤道付近に広がる「アフロディテ大陸」が有名だ。また、地球の約100倍も大気が濃く、96%が二酸化炭素のため、温室効果により表面温度はなんと460℃以上にもなる。

　さらに、空は濃い硫酸の粒でできた厚さ20kmもの雲におおわれている。そこでは「スーパーローテーション」と呼ばれる秒速100mの強風が吹き荒れており、硫酸でできた雲によって硫酸の雨が降り注ぐ。ただし、金星の地表はあまりにも高温のため、地面に届く前に蒸発するという。

Episode
美を象徴する星

　金星は英語で「ヴィーナス」。ローマ神話の美と愛の女神の名前が由来だ。太陽と月を除けば全天でもっとも明るく、美しく輝く天体のため、古代メソポタミアでは金星を愛と豊穣の女神イシュタルと考えていた。女神イシュタルは古代ギリシアでアフロディテ、ローマ神話ではヴィーナスとなり、現在では女性美の代名詞にもなっている。

Column
星の少年

　金星にまつわる伝説は世界各地にある。カナダのブラックフット族などには「星の少年」という話が伝わる。ある老婆が身寄りのない少年を引き取った。少年はお礼に怪物退治に出かけ、怪物を倒したものの最後に死んでしまう。すると少年の遺体に蛇が入り込み、死んだ少年を生き返らせた。少年は老婆に別れを告げた後、天に昇り「明けの明星」になったという。

天体の異名
Another name

明けの明星（みょうじょう）、太白（たいはく）、明星（あかぼし）、彼（か）は誰星（たれぼし）、宵の明星、黄昏星（たそがれぼし）、夕星（ゆうずつ）、もんりーぼし（守り星）、烏賊（いか）星、シトラルポルなど。

地球

英 アース
EARTH

独 エーアデ *Erde* ／ 仏 テール *Terre* ／ 伊 テッラ *Terra* ／ 西 ティエラ *Tierra* ／ 露 ジムリャー *Земля* ／ 羅 テラエ *Terrae* ／ 希 ゲー *Γη* ／ 韓 チグ ジュ구 ／ 中 ディーチウ 地球 ／ 亜 アラダ أرض

分 類	惑星
自転周期	約23時間56分
公転周期	約365日
直 径	約1万2756km
質 量	$5.972×10^{24}$kg
赤道重力	1G
平均温度	約15℃
太陽からの距離	約1億4960万km
衛 星	1個

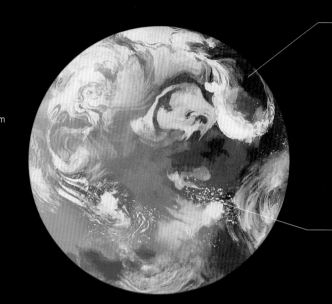

地球の表面のうち約7割が海で、残り約3割が陸地でおおわれている。

地殻の下にあるマントルは上部と下部に分かれる。上部マントルの一部と地殻のことを「プレート」という。

内部構造
Internal structure

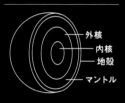

外核
内核
地殻
マントル

　太陽から3番目に位置し、唯一、生命の存在が確認されている「奇跡の星」。表面積の7割が海であり、海水が赤い光を吸収するため、宇宙空間からは青く見える。惑星に生命が存在するためには、惑星が大気中に豊富な酸素を有し、表面に液体の水が存在する領域「ハビタブルゾーン」に位置することが不可欠だといわれている。地球より太陽に近い金星では水が蒸発し、遠い火星では水が凍る。地球は太陽と絶妙な位置関係にあったため、奇跡的に生命が生まれたのだ。

　地球の地殻の下にはマントルがあり、中心部の核は鉄やニッケルなどの金属でできている。核は、内核と外核で構成されており、固体である内核の周りを溶けた金属の外核が包んでいる。この液体の金属の流れが電流を起こすことで磁気を生み出しているのだ。地球はとてつもなく巨大な磁石のようなものであり、地球磁場が地球を何重にも取り巻いている。この地球磁場が、太陽から降ってくる危険な「太陽風」から地球を守ってくれているのである。

Episode
地球から振り落とされないわけ

　「万有引力とはひき合う孤独の力である」とは、谷川俊太郎による詩『二十億光年の孤独』の一節。地球は自転しているので遠心力を生む。地球の上にいる私たちが遠心力によって宇宙に放り出されないのは、遠心力よりも強い重力によって、地球の中心に引きつけられているためだ。このように宇宙の全物質が引き合う力をもつことを「万有引力の法則」と呼ぶ。

Column
第2の地球が発見された？

　地球から約1200光年離れた系外惑星（太陽系の外にある惑星）のひとつに「スーパーアース」と呼ばれる、地球によく似た惑星があるという。スーパーアースは地球の約1.4倍、密度から計算して岩石惑星と推測されている。恒星の周りを約267日かけて回り、液体の水が存在し、大気にモヤがかかっているそうだ。人類のような生命が存在するかもしれない。

天体の豆知識
Tidbits of the star

地球は英語で「アース」。ギリシア・ローマ神話ではなく、「大地」を意味する古英語（アングロ・サクソン語）が由来だ。

青い夕焼けが見える赤い星

火星 英 マーズ
MARS

惑星記号 *Symbol* ♂

独 マルス *Mars* ／ 仏 マルス *Mars* ／ 伊 マルテ *Marte* ／ 西 マルテ *Marte* ／ 露 マールス *Марс* ／ 羅 マールス *Mars* ／ 希 アレース *Ἄρης* ／
韓 ファソン 화성 ／ 中 フォシン 火星 ／ 亜 ミッリーフ مريخ

分 類	惑星
自転周期	約24時間37分
公転周期	約687日
直 径	約6792km
質 量	地球の約0.1倍
赤道重力	地球の約0.38倍
平均温度	約−65℃
太陽からの距離	約2億2790万km
衛 星	2個

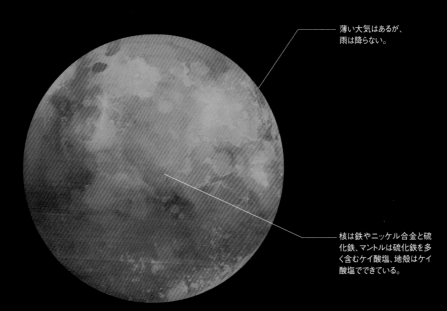

薄い大気はあるが、雨は降らない。

核は鉄やニッケル合金と硫化鉄、マントルは硫化鉄を多く含むケイ酸塩、地殻はケイ酸塩でできている。

内部構造
Internal structure

核
地殻
マントル

　地球のすぐ外側を回る太陽系4番目の岩石惑星。特徴的な赤色は、赤く錆びた酸化鉄が地表をおおっていることによる。平均気温は−50℃と極寒の地で、冬の極地はさらに寒く、最低気温−130℃にも達する。極地には「極冠」と呼ばれる、二酸化炭素の氷でおおわれた白い部分が見える。地表は強風が吹き荒れて砂塵が舞い、猛烈な突風「ダストデビル（塵旋風）」が起きる。大地には、太陽系最大の大火山「オリンポス山」がそびえたつ。高さはなんと25kmもあり、エベレス

ト山の約3倍の高さを誇る。

　大気は地球の150分の1と薄く、95％を二酸化炭素が占めている。そのため、火星で見える夕焼け空は青い。大気が薄いことで大量の粒径の大きなちりが大気中に舞い上がり、赤い色が散乱され、夕焼けが青く見える。

　火星は探査機による調査が進んでおり、かつて水があったことが判明したり、有機物が発見されたりしている。そのため「火星には生命が存在する？」という議論が今も続いている。

Episode
赤き闘争の星

火星は英語で「マーズ」。これはギリシャ神話の戦いの神アレス（ローマ神話ではマルス）に由来する。赤い星の色が血を連想させたことからつけられた名前だ。アレスは「怒り狂った」という形容詞がつくほど闘争を好み、

Column
タコ型火星人の誕生秘話

大きな頭、細い手足のタコ型火星人は、SF作家ウェルズの小説『宇宙戦争』（1898年）がルーツ。小説に火星人が登場した背景に、当時の観測者たちが、火星に見える模様を人工の運河だと主張したことがある。そ

木星

[英] ジュピター
JUPITER

♃

[独] ユーピター *Jupiter* ／ [仏] ジュピター *Jupiter* ／ [伊] ジョーヴェ *Giove* ／ [西] フピテル *Júpiter* ／ [露] ユピーチル *IOnumep* ／
[羅] ユッピテル *Iuppiter* ／ [希] ゼウス *Zεύς* ／ [韓] モクソン 목성 ／ [中] ムーシン 木星 ／ [亜] ムシュタリー مشتري

分 類	惑星
自転周期	約9時間55分
公転周期	約11年315日
直 径	約14万2984km
質 量	地球の約318倍
赤道重力	地球の約2.37倍
平均温度	約−110℃
太陽からの距離	約7億7830万km
衛 星	80個

内部構造
Internal structure

液体金属水素の
マントル

核

液体分子水素

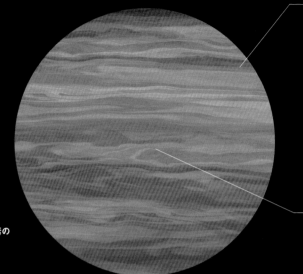

帯と縞は反対方向に
流れている。

核は岩石や氷で、地球の10
倍ほどの質量をもっている。
マントルはヘリウムを含む液
体金属水素でできている。

太陽系でもっとも大きく、もっとも重い惑星。直径は地球の約11倍、質量は318倍もある。衛星の数も、太陽系の中では土星に次いで多い。中心に岩石や氷でできた核があり、主に水素とヘリウムのガスでおおわれているガス惑星だ。木星の自転速度は約10時間と非常に速く、太陽系でもっとも1日が短い。大気中のアンモニアなどを成分とした雲が強い風で流れており、その雲が作り出す縞模様がとても美しい。明るい黄と白色の帯（ゾーン）と、暗く赤褐色の縞（ベルト）の模様が浮かび上がって見える。もっとも特徴的なのは、「大赤斑」と呼ばれる赤色で渦模様の巨大嵐があること。大きさは地球の直径の約2倍。もし地球が投げ込まれてしまえば、跡形もなく消滅してしまうだろう。

木星の周囲には、小さなちりや粒子でできた4重の環がかかっているが、あまりに薄いので地球から見ることはできない。もし木星が今の80〜100倍の質量があれば、太陽のような自ら光り輝く恒星になった可能性があるといわれている。

✦ *Episode*
神々の王の名をもつ惑星

木星は英語で「ジュピター」。ギリシア神話の主神ゼウス（ローマ神話ではユピテル）に由来し、太陽系でもっとも大きな惑星である木星にふさわしい神の名が当てられている。ゼウスはティタン神族との戦いに勝ち、オリンポス十二神が支配する世界を創った。ゼウスの名はサンスクリット語で「昼・日」と関連があるとされ、雷や嵐を操り天空を統べる神でもある。

🖋 *Column*
木星が舞台の映画や音楽作品

木星を舞台とした作品は多い。スタンリー・キューブリック監督の名作SF映画『2001年宇宙の旅』（1968年）では、主人公は木星を探査するため旅立った。1916年に完成したホルストの組曲『惑星』は惑星をテーマにした7つの管弦楽曲で、第四曲「木星」のメロディーに日本語の歌詞をつけた平原綾香の「Jupiter」は日本で大ヒットした。

天体の異名
Another name

歳星（さいせい）、歳（とし）の星、夜半（よわ）の明星など。

美しく巨大なリングをもつ超軽量の惑星

土星

英 サターン
SATURN

独 ザトゥルン *Saturn* ／ 仏 サチュルヌ *Saturn* ／ 伊 サトゥルノ *Saturno* ／ 西 サトゥルノ *Saturno* ／ 露 サトゥールン *Сатурн* ／
羅 サートゥルヌス *Saturnus* ／ 希 クロノス *Κρόνος* ／ 韓 トソン 토성 ／ 中 トゥーシン 土星 ／ 亜 ザハラ زحل

分類	惑星
自転周期	約10時間39分
公転周期	約29年167日
直径	約12万536km
質量	地球の約95倍
赤道重力	地球の約0.93倍
平均温度	約−140℃
太陽からの距離	約14億2940万km
衛星	86個

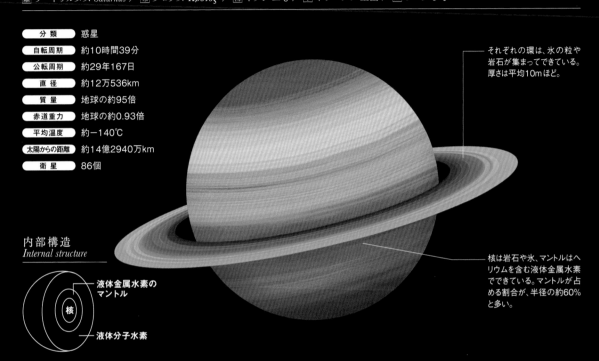

それぞれの環は、氷の粒や岩石が集まってできている。厚さは平均10mほど。

核は岩石や氷、マントルはヘリウムを含む液体金属水素でできている。マントルが占める割合が、半径の約60%と多い。

内部構造
Internal structure

- 液体金属水素のマントル
- 核
- 液体分子水素

　土星の特徴といえば、本体をぐるりと取り囲む美しく壮大なリング（環）だ。直径が約30万kmもあるリングは、なんと数cmから数mの氷の粒の集まり。リングの厚さは平均10mととても薄く、もっとも厚い部分でも数百mしかない。平らなひとつのリングではなく無数のリングの集合体で、発見順にA環、B環と名づけられている。初めてリング同士の隙間を発見したカッシーニにちなみ、A環とB環の間は「カッシーニの間隙」と呼ばれている。ちなみに、土星を真横から見ると、リングは見えなくなる。そのため、約15年に一度、地球から見ると土星のリングが消失する現象が起きる。

　土星は上下に少しつぶれた形に見える。自転の速度が約10時間と地球の2倍以上の速さで、強烈な遠心力がかかるためだ。また、土星は木星に次いで太陽系で2番目に大きい惑星だ。しかし、主に水素でできた巨大ガス惑星で密度が太陽系で最小。とても軽く、もし水に浮かべるとまるでビーチボールのように水に浮くという。

✦ *Episode* ⸱⸱⸱⸱⸱⸱⸱⸱⸱⸱⸱⸱⸱⸱⸱⸱⸱⸱⸱⸱⸱⸱⸱⸱⸱⸱⸱⸱⸱⸱⸱⸱⸱
農耕と時間を象徴する星

　土星は英語で「サターン」。悪魔のサタンと混同されやすいが、これは別の言葉で、ローマ神話の農耕神サトゥルヌス（ギリシア神話ではクロノス）に由来する。サトゥルヌスは大地を耕し、四季の変化をもたらすことから時間を司る神でもあった。当時土星はもっとも遠い惑星と考えられ、地球から見て動きが遅く見えたので、サトゥルヌスは老人の姿で表現される。

✒ *Column* ⸱⸱⸱⸱⸱⸱⸱⸱⸱⸱⸱⸱⸱⸱⸱⸱⸱⸱⸱⸱⸱⸱⸱⸱⸱⸱⸱⸱⸱⸱⸱⸱⸱
土星の桐野星と、火星の西郷星

　土星は和名で「桐野星（きりのぼし）」といわれたことがある。桐野とは、幕末の西郷隆盛の盟友で、西南戦争で最期まで戦った薩摩士族。西郷が1877年に死んだ年、9月に火星が地球に最接近して夜空に不気味に輝き、11月には、その火星にくっつくように土星が並んだ。このことから「西郷と桐野が星になった」と噂になり、火星は西郷星、土星は桐野星と呼ばれた。

42年の昼と42年の夜を過ごす氷の惑星

天王星

[英] ウラヌス
URANUS

惑星記号
Symbol

[独] ウーラヌス *Uranus* ／ [仏] ユラニュス *Uranus* ／ [伊] ウラーノ *Urano* ／ [西] ウラノ *Urano* ／ [露] ウラーン *Уран* ／ [羅] ウーラヌス *Uranus* ／
[希] ウーラノス *Ουρανός* ／ [韓] チョンワンソン 천왕성 ／ [中] ティエンワンシン 天王星 ／ [亜] ウーラーヌースー أورانوس

分　類	惑星
自転周期	約17時間14分
公転周期	約84年7日
直　径	約5万1118km
質　量	地球の約15倍
赤道重力	地球の約0.89倍
平均温度	約−195℃
太陽からの距離	約28億7500万km
衛　星	27個

天王星の環（リング）はちりでできており、1本に見えるが実は13本あることがわかっている。

大気の上層にあるメタンの影響で淡い青色に見える。

内部構造
Internal structure

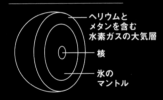

ヘリウムとメタンを含む水素ガスの大気層

核

氷のマントル

　ミントブルーの色合いが美しい天王星は、太陽系7番目の惑星。水やメタン、アンモニアなどの氷でできている巨大氷惑星だ。緑がかった淡い青色に見えるのは、大気の上層に含まれるメタンが赤色を吸収するため。地球から肉眼で見ることは難しく、1781年にイギリスの天文学者ウィリアム・ハーシェルが天体望遠鏡で発見した。周囲にはリング（環）が存在し、1977年に発見された。

　最大の特徴は、真横に倒れたような状態で公転していること。公転面に対する自転軸の傾きが地球は23.4度であるのに対し、天王星はなんと98度も傾いているのだ。はるか昔に天体に衝突され、自転軸が傾いたといわれている。

　自転周期は約17時間だが、横倒しになっているため昼と夜がそれぞれとても長い。自転軸に近い極地域では、太陽の周りを公転する84年間において、太陽の光が出ている昼が42年続いた後、太陽の光が当たらない夜が42年続くという。途方もなく長い昼と夜を繰り返しているのだ。

Episode
天空神の名を冠する惑星

　天王星は英語で「ウラヌス」。ギリシア神話の始まりに登場する天空を支配した神ウラノス（ローマ神話ではウラヌス）に由来する。ウラノスは大地の女神ガイアを妻とし、ティタン神族と呼ばれる巨人の神々を多く生み出したが、ウラノスは巨人たちの力を恐れて大地の深みへ閉じ込めてしまう。そのため末の息子クロノスに復讐され、神話の舞台から姿を消した。

Column
シェイクスピアの衛星

　惑星の衛星の名前は神話に由来するものが多いが、天王星を回る27個の衛星は、ウィリアム・シェイクスピアの作品の登場人物や妖精の名前がつけられているものが多い。『ロミオとジュリエット』のジュリエット、『ハムレット』のオフィーリア、『リア王』のコーディリア、『テンペスト』のミランダ、『真夏の夜の夢』の妖精王オベロン、ティタニアなどだ。

天体の豆知識 ｜ 天王星が土星（ギリシア神話の神クロノス）の外側にあることから、クロノスの父「ウラノス」の名前がつけられたという。

海王星

[英] ネプチューン
NEPTUNE

惑星記号
Symbol

♆

太陽系の天体 ― 海王星 *Neptune*

[独] ネプトゥーン Neptun ／ [仏] ネプチューンヌ Neptune ／ [伊] ネットゥーノ Nettuno ／ [西] ネプトゥノ Neptuno ／ [露] ニプトゥーン Нептун ／
[羅] ネプトゥーヌス Neptuno ／ [希] ポセイドーン Ποσειδῶν ／ [韓] ヘワソン 해왕성 ／ [中] ハイワンシン 海王星 ／ [亜] ナプトゥーン نبتون

分 類	惑星
自転周期	約15時間58分
公転周期	約164年281日
直 径	約4万9528km
質 量	地球の約17倍
赤道重力	地球の約1.11倍
平均温度	約−200℃
太陽からの距離	約45億440万km
衛 星	14個

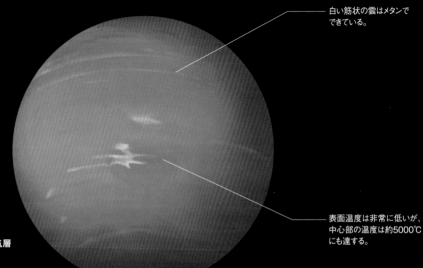

白い筋状の雲はメタンでできている。

表面温度は非常に低いが、中心部の温度は約5000℃にも達する。

内部構造
Internal structure

- ヘリウムとメタンを含む水素ガスの大気層
- 核
- 氷のマントル

　海王星は、太陽系のもっとも外側にある青く輝く巨大氷惑星だ。隣り合う天王星とは太陽系における双子のように、サイズや色、成分が似ている。天王星と同様に大気中のメタンが赤色を吸収するため、深い青色に見える。1846年に天文学者のヨハン・ゴットフリート・ガレによって発見された。

　太陽からとても離れているため、表面温度は−220℃と非常に低い。メタンが凍ってできた白い雲が浮かんでおり、「スクーター」と呼ばれる筋のような模様が見える。これは、赤道の近くの毎秒300m以上という高速の気流が、雲を引き伸ばしたものである。

　岩石と氷でできた核を、アンモニアやメタンの氷「マントル」が包んでいる。核の内部は非常に熱く、密度が高い。そこでは、メタンなどが液状となって「海」を作っている。内部の高温と高圧によってメタンはさらに分解され、ダイヤモンドの結晶となって地下深くに降り注ぐ。その様子はさながらダイヤモンドの雨のようだ。

Episode
海神の名前をもつ惑星

　海王星は英語で「ネプチューン」。ギリシア神話の海神ポセイドン（ローマ神話ではネプチューン）のことで、神々の王ゼウスや冥界の神ハデスとは兄弟関係に当たる。ゼウスは地上、ハデスは地下、ポセイドンは海や水に関わる領域の支配権を握っていた。三又の鉾を振りかざせば暴風雨が起こり、その逆鱗に触れた者は住む土地全てを荒らされたという。

Column
アトランティスと海神

　海神ポセイドンの名前は、紀元前5世紀頃の哲学者、プラトンによる対話集『ティマイオス』『クリティアス』に記された「アトランティス伝説」にも見ることができる。古代都市アトランティスの中心地アクロポリスには、ポセイドンを祀る神殿があったそうだ。だがアトランティスは、不思議なことに神殿もろとも一夜にして海に沈んでしまったという。

天体の豆知識
Tidbits of the star
海王星の存在を予測した2名の天文学者、ジョン・アダムスとユルバン・ルヴェリエも、海王星の発見者として認められている。

冥王星

[英] プルートゥ
PLUTO

天体の記号 *Symbol* ♇

[独] プルート *Pluto* ／ [仏] プリュートン *Pluton* ／ [伊] プルトーネ *Plutone* ／ [西] プルトン *Plutón* ／ [露] プルトーン *Плутон* ／ [羅] プルートー *Pluto* ／
[希] プルートーン *Πλούτων* ／ [韓] ミョンワンソン 명왕성 ／ [中] ミンワンシン 冥王星 ／ [亜] プルートゥー بلوتو

分　類	準惑星
自転周期	約6日9時間
公転周期	約248年
直　径	約2377km
質　量	地球の約500分の1
赤道重力	地球の約0.07倍
平均温度	約−225℃
太陽からの距離	約59億135万km
衛　星	5個

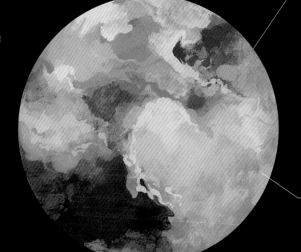

大気は非常に薄く、表面温度は−230℃〜−210℃。

太陽からの距離によって窒素が気体になったり氷になったりすることで、表面の明暗が変化し、まだら模様を生み出すと考えられている。

内部構造
Internal structure

氷河に覆われた巨大盆地
氷の地殻
ハイドレート
核
地下海

　太陽系に5つある準惑星のひとつで、海王星より外側にある天体「太陽系外縁天体」に属す。1930年に発見された冥王星は太陽系で9番目の惑星とされていたが、2006年に国際天文学連合が新たに定めた基準により、準惑星とされた。準惑星とは惑星に比べて小さく、自らの公転軌道上にあるほかの天体をはじきとばすパワーがない星のこと。

　冥王星の質量は月の約17％しかなく、岩石でできた核を氷が包んでいる。主に窒素を含む大気は非常に薄く、表面温度は−230℃〜−210℃という極寒の地だ。公転軌道がだ円形のため、公転周期248年のうち約20年は海王星の軌道の内側に食い込む。1979年2月から1999年2月まで、冥王星は海王星の内側を回っていた。

　5つの衛星をもち、冥府の川の渡し守カロン、夜の女神ニクス、9つの頭をもつ毒蛇ヒドラ、冥界の川ステュクス、冥府の門の番犬ケルベロスと、ギリシア神話の冥界にまつわる名前がつけられている。

Episode
死を司る冥界の星

冥王星は英語で「プルートゥ」。ギリシア神話の冥界の神ハデス(ローマ神話ではプルートー)に由来。ハデスは死者の国を支配していたが、具体的に行っていたことを伝える資料は少ない。ただ、地上の人間はもとより神々の王ゼウスですらハデスの司る「死」の定めには逆らえなかった。姿を隠す兜を常に被っていたことからも、ハデスの神秘性がうかがえる。

Column
冥王星の名づけ親

1930年に発見された新惑星に「冥王星」という和名をつけたのは、天文民俗学者の野尻抱影(のじりほうえい)だ。新惑星は当時プルートーと呼ばれており、抱影は冥王星や幽王星という和名の候補を科学雑誌に提案し、冥王星が採用されたという。人々から「星の文人」と呼ばれた抱影は、星の語り部として活躍し、星々の名前の収集に情熱を傾けた。

月

〔英〕ムーン
MOON

〔独〕モーント *Mond* ／〔仏〕リュンヌ *lune* ／〔伊〕ルーナ *luna* ／〔西〕ルナ *Luna* ／〔露〕ルーナ *Луна* ／〔羅〕ルーナ *luna* ／〔希〕フェガリ *φεγγάρι* ／
〔韓〕タル 달 ／〔中〕ユエリャン 月亮 ／〔亜〕カマル قمر

分 類	衛星
確定番号	地球I
自転周期	約27日8時間
公転周期	約27日8時間
直 径	約3475km
質 量	地球の約0.01倍
赤道重力	地球の約0.17倍
表面温度	約110℃〜−170℃
地球からの距離	約38万4399km

内部構造
Internal structure

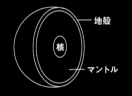

- 地殻
- 核
- マントル

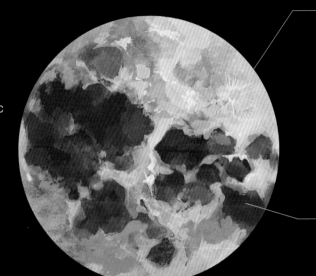

表側の地殻の厚さは
30〜60km。

月のクレーターの陰になって
いて光が当たらないところか
らは、水が発見されている。

　地球の周りを回る、唯一の衛星であり、もっとも近くにある天体。地球への影響は大きく、地球の海に干満があるのは主に月の重力によるものだ。月は地球以外で人類が到達した唯一の天体でもある。1969年にアメリカのアポロ11号が初めて月面に着陸した。

　表面に浮かぶ円形にくぼんだ地形「クレーター」が特徴的。クレーターは約40億年前に天体が衝突した跡といわれており、「アルキメデス」「コペルニクス」「ケプラー」など著名な天文学者の名前がつけられている。表面の暗い部分は平原で、「雨の海」「晴れの海」「静かの海」などの名前で呼ばれており、日本では昔から餅つきをするうさぎに見立てられている。地球から見える月面がいつも同じで裏側が見えないのは、月の自転と公転の周期が同じだからである。月は太陽の光が当たる面のみが光に照らされ、その姿を現す。そのため、地球の周りを回る月の位置によって、地球からは満ち欠けを繰り返しているように見えるのだ。

Episode
『竹取物語』の月世界

　9世紀から10世紀頃に成立した『竹取物語』に登場するかぐや姫は、月の都の住人。夜空に妖しく輝く月は人間にとっての理想郷として描かれ、月世界の住人には憂いがなく、永遠の命が約束されていた。かぐや姫は帝へ不死の薬を送り、全ての感情を忘れて月へ帰る。だが、かぐや姫のいない地上で不死である意味はないと、帝は薬を焼き捨てるのだった。

Column
月の船、星の林

　月を天を運行する船に見立て、星々を林に見たてた雅な和歌が『万葉集』にある。「天（あま）の海に 雲の波立ち 月の船 星の林に 漕ぎ隠る見ゆ」。作者は柿本人麻呂で、「天上の海には雲の波が立ち、月の船が星の林に漕ぎ出でては隠れて行くのが見える」という意味である。このように、古くから月は日本で愛され、数多くの詩歌や物語のテーマとされた。

天体の豆知識 ｜ ギリシャ神話の月の女神はアルテミス（ローマ神話ではディアナ）。月の光が穏やかなためか、月は古くから女神に関連づけられた。

兄弟神の名がつけられた火星の衛星

フォボスとダイモス
[英] フォボス＆ダイモス
PHOBOS & DEIMOS

フォボス

分 類	衛星
確定番号	火星Ⅰ
公転周期	約7時間39分
直 径	約26km
火星からの距離	約6000km

ダイモス

分 類	衛星
確定番号	火星Ⅱ
公転周期	約30時間18分
直 径	約16km
火星からの距離	約2万km

位置関係
Positional relation

フォボス
火星
ダイモス

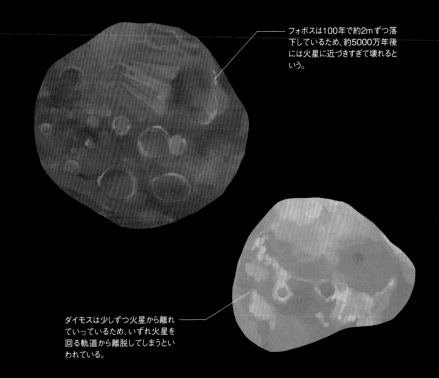

フォボスは100年で約2mずつ落下しているため、約5000万年後には火星に近づきすぎて壊れるという。

ダイモスは少しずつ火星から離れていっているため、いずれ火星を回る軌道から離脱してしまうといわれている。

　火星に存在する衛星は2つ。フォボスとダイモスだ。1877年にアメリカの天文学者ホールが同時に発見した。どちらもとても小さな岩石のかたまりで、火星の重力に捕らえられた小惑星だと考えられている（衝突説もある）。地球の衛星である月と比べるとフォボスは約155分の1、ダイモスは約280分の1と小さい。火星との距離が非常に近いため、フォボスも月のように火星から見ると満ち欠けする様子が確認できるという。
　第1衛星のフォボスの表面には複数のクレーターがあり、

じゃがいものような見た目だ。巨大なクレーターには、発見者の「ホール」とその夫人「スティックニー」の名がつけられている。火星の自転よりもフォボスの公転周期のほうが短いため、西から昇り、東に沈む。少しずつ火星に近づいており、5000万年後には衝突するといわれている。
　ダイモスは、フォボスより小さく、より外側を回っている第2衛星。球形ではなくいびつな楕円形をしており、フォボスよりはクレーターが少なく表面はなめらかだ。

Episode
火星の神の息子たち

　フォボスとダイモス（デイモス）の名は、ギリシア神話の戦いの神アレス（火星の神）と、愛と美の女神アフロディテ（金星の神）の間に生まれた息子たちの名前が由来。フォボスは「敗走・恐怖」、ダイモスは「混乱」という意味。父アレスにつき従い、戦場に姿を現すと考えられていた。ほかにエロス（愛）、ハルモニア（調和）などの神とも兄弟姉妹関係にある。

Column
『ガリバー旅行記』は予言の書？

　フォボスとダイモスが発見される約150年も前に、火星の衛星の存在とその軌道を予測していた書物がある。1726年に出版された、スウィフトの風刺小説『ガリバー旅行記』だ。主人公ガリバーが空飛ぶ島ラピュータを訪れた際、高度な科学技術と天文知識をもつラピュータ人が、火星を回る2つの衛星と軌道について、驚くべき正確さで語っている。

天体の豆知識
Tidbits of the star ｜ ダイモスのクレーターには、スウィフトとヴォルテールという小説家の名前がついたものがある。各々の小説にダイモスが登場するためだ。

イオ

[英] イオ
IO

分類	衛星
確定番号	木星I
公転周期	約42時間27分
直径	約3600km
木星からの距離	約35万km

12個もの活火山が噴煙を
上げている。

イオのマグマは、地表から
50kmの深さのところにある
という。

内部構造
Internal structure

核
地殻
マントル

　木星にある衛星のうち、イタリアの天文学者ガリレオ・ガリレイが1610年に発見した４つの衛星は「ガリレオ衛星」と呼ばれる。イオもそのうちのひとつであり、木星の全衛星の中でもっとも近い軌道を回る第１衛星。月よりもやや大きく、４つのガリレオ衛星のうちもっとも内側を公転している。

　地球以外で初めて火山活動が確認された天体であり、かつては300個ほどの火山があったとされ、現在も12個の活火山が噴火を繰り返している。木星とほかのガリレオ衛星の重力に引っ張られるため、潮汐力が非常に強い。そのせいでイオは変形し、内部で熱エネルギーが生まれ、太陽系でもっとも活発な火山活動を引き起こしているのだ。

　火山から噴出された硫黄におおわれているため、衛星ではめずらしくクレーターがない。周囲にはナトリウムやカリウムの希薄なガスが浮かんでいる。火山からの噴出物は宇宙空間でプラズマとなり、公転軌道上にドーナツ状に広がっている。これを「プラズマトーラス」という。

Episode
牝牛となったイオ

衛星イオの名は、ギリシア神話に登場する、神々の王ゼウスの妻に仕えた美しい女官の名前が由来だ。イオはゼウスに愛されたが、妻ヘラの嫉妬を恐れたゼウスに牝牛の姿に変えられた。イオは世界中を放浪し、エジプトに辿り着くと人間の姿に戻され、のちのエジプト王を産んだという。イオはエジプト神話に登場する女神イシスと同一視されることもある。

Column
ラプラス共鳴

木星の周りを回るイオ・エウロパ（→P035）・ガニメデ（→P037）の3つの衛星が、木星から見て同じ方向に並ぶことは決してしないという。これは、お互いの星の重力の影響で、公転周期が整数比となるため。このような現象が3つ以上の天体で起こることを「ラプラス共鳴」と呼ぶ。ラプラス共鳴を起こす天体の組み合わせは、太陽系の中ではこの3衛星のみという。

天体の豆知識
Tidbits of the star

イオはカラフルなピザのような見た目をしていることから、「ピザ・ムーン」というあだ名で呼ばれることもある。

生命の可能性を秘めた木星の氷衛星

エウロパ

[英] エウロパ
EUROPA

分　類	衛星
確定番号	木星Ⅱ
公転周期	約3日13時間
直　径	約3100km
木星からの距離	約60万km

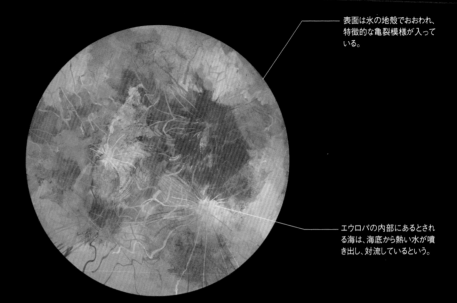

表面は氷の地殻でおおわれ、特徴的な亀裂模様が入っている。

エウロパの内部にあるとされる海は、海底から熱い水が噴き出し、対流しているという。

　木星の第2衛星で、ガリレオ衛星のなかで最小であり、第1衛星イオ（→P033）の次に木星の近くを回っている。

　表面が厚さ数kmの氷でおおわれる氷の星。クレーターはほとんどなく、凹凸が少ない。「リネア」と呼ばれる筋状の模様やひび割れが特徴的で、はかなさを感じさせる見た目をしている。これは内側の木星とイオ、外側にある衛星ガニメデ（→P037）から受ける相反する力が生む潮汐力により、エウロパが変形し、表面の氷の地殻に亀裂が入ったものだ。

　イオと同様にエウロパでも火山活動があり、凍った氷の内部には溶けた液体の水が存在するのではないかと考えられてきた。噴出する水蒸気が確認されており、氷の下には液体の海がある可能性が非常に高い。つまり、エウロパは地球以外で液体の海があるかもしれない数少ない天体なのだ。地球の生命が海から誕生したように、エウロパは生命の存在が期待できる天体として、2024年、NASAによる探査計画が立てられている。

✦ *Episode* ─ 連れ去られた娘

　衛星エウロパの名は、ギリシア神話に登場する美女の名前が由来だ。美しいエウロパに恋をした主神ゼウスは、白い牡牛になって近づき、彼女を乗せてクレタ島へ連れ去った。その後、エウロパはミノス、ラダマンティス、サルペドンという3人のゼウスの子を産んだ。ゼウスはエウロパのためクレタ島に自動人形タロスを残し、彼女を守らせた。

✒ *Column* ─ 木星の衛星はゼウスの恋人

　エウロパをはじめ、木星には現在、57個の命名された衛星がある。実は木星の周りを回る衛星の名前のほとんどは、女好きで知られるギリシア神話の主神ゼウスと関わりのある女性の名前がつけられている。木星といえば、主神ゼウスの名を冠する惑星。そのため、木星を取り巻く衛星たちの名前もまた、ゼウスを取り巻く恋人たちの名前が当てられたというわけだ。

天体の豆知識
Tidbits of the star ｜ 神話でエウロパがいた地域は、彼女の名前からヨーロッパと呼ばれた。エウロパはのちに星座のおうし座（→P103）になったという。

ガニメデ

[英] ガニメデ
GANYMEDE

分 類	衛星
確定番号	木星Ⅲ
公転周期	約7日3時間
直 径	約5262km
木星からの距離	約100万km

表面の氷の厚さは約150km、地表はほぼ酸素の薄い大気に包まれている。

独特の磁場をもち、金属核が液体となって溶け出している。

内部構造
Internal structure

- 液体の水
- マントル
- 核
- 氷層

木星の第3衛星、ガリレオ衛星のひとつでエウロパ（→P035）の外側を回っている。太陽系の衛星のなかでもっとも大きく、水星を上回る巨大衛星だ。明るさは6等星以上で、小さな望遠鏡でも観測することが可能だ。

金属の核とケイ酸塩のマントルの周囲を、岩石が混じった厚い氷がおおっている。酸素が多く含まれる大気があるが非常に薄い。表面は明るく見える部分「サルカス」と暗く見える部分「リージョ」に分かれ、複雑に入り混じっている。サルカスは平行に通った溝が特徴的な地形で、リージョはクレーターが多く存在し、ガニメデの最古の地形が残る部分だ。

NASAの探査機ガリレオの調査によると、木星の衛星のなかで唯一、独自の磁場をもつことがわかっている。これは、金属核が液体状に溶けている証だという。

さらに、木星の磁場と影響しあって発生するオーロラが観測されており、その動きから地下に海があるのではないかと推測されている。

Episode
連れ去られた美少年

衛星ガニメデは、ギリシア神話に登場する美少年ガニメデス（ガニュメデス）の名前から命名された。トロヤ王の子であるガニメデスは大変な美少年だったため、主神ゼウスが目をつけた。そこでゼウスは鷲に変身して、彼を捕まえて天上へと連れ去り、神々の宴会の席で酒を酌む童にした。父親のトロヤ王にはその見返りとして駿馬や黄金の葡萄樹が与えられたという。

Column
衛星ガニメデが登場する小説

ガニメデが登場する作品として、イギリスの作家ジェイムズ・P・ホーガンによる名作SF小説『星を継ぐもの』（1977年）（巨人たちの星シリーズ）が有名だ。衛星ガニメデを訪れた調査隊が発見した驚異の物体が、物語の謎を解く大きな鍵となり、人類の生い立ちや太古の太陽系の姿に迫っていく。シリーズ続編のタイトルは『ガニメデの優しい巨人』。

天体の豆知識
Tidbits of the star | ガニメデス少年は、のちに星座のみずがめ座（→P121）、ゼウスが変身した鷲は、星座のわし座になったという。

誕生以来の形を保つ氷と岩の衛星

カリスト

英 カリスト
CALLISTO

分 類	衛星
確定番号	木星IV
公転周期	約16日16時間
直 径	約4820km
木星からの距離	約181万km

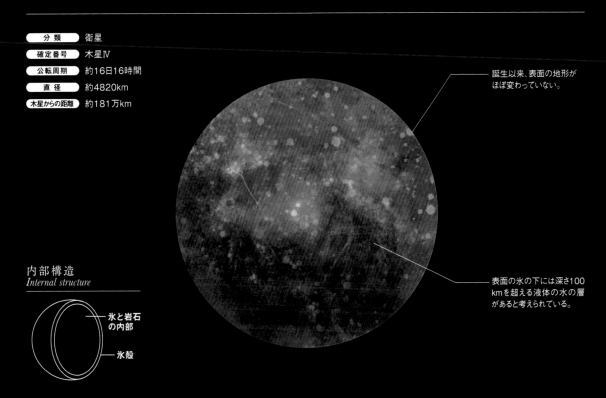

誕生以来、表面の地形が
ほぼ変わっていない。

表面の氷の下には深さ100
kmを超える液体の水の層
があると考えられている。

内部構造
Internal structure

氷と岩石
の内部

氷殻

木星の第4衛星で、ガリレオ衛星のうちもっとも外側を回っている。太陽系の衛星のなかでは、木星のガニメデ（→P037）、土星のタイタン（→P043）に次ぐ3番目の大きさだ。光の反射率が月の半分以下と非常に低く、全体的に暗い印象を与える天体である。

表面の地殻は約200kmの厚さの氷でおおわれており、たくさんの古いクレーターがある。これは地質を変える火山活動などが起きておらず、表面のクレーターが消えずに残っているからだという。つまり、カリストは誕生してから表面の地形をほぼ変えずに今に残しているのだ。もっとも大きなクレーターは直径約3000kmもある「ヴァルハラ」だ。多重のリング状をしており、約40億年前の天体の衝突によりできたという。

より木星に近いほかのガリレオ衛星と比べると木星の引力による影響が弱く、内部で活発なエネルギー活動が生じなかったとされる。そのため、内部は岩石と氷が混沌とした未分化の状態であると考えられている。

 Episode
熊にされた妖精カリスト

衛星カリストの名は、ギリシア神話に登場するアルカディアという地の妖精カリストの名前が由来だ。主人である狩猟の女神アルテミスに気に入られていたが、主神ゼウスのせいでアルテミスの怒りをかってしまったという。17世紀の画家ルーベンスは、アルテミスがカリストへの怒りをあらわにするシーンを絵にしている。カリストにまつわる伝説はおおぐま座（→P127）を参照。

Column
クレーターの名は北欧神話が由来

カリストのクレーターは「ヴァルハラ」「アスガード」「ウトガルド」「ユミル」など、北欧神話に由来する名前が多い。ヴァルハラは、北欧神話の主神オーディンの宮殿、アスガード（アースガルズ）はアース神族（北欧神話の主要な神々の種族）の王国、ウトガルド（ウートガルズ）は巨人族の国の都市、ユミルは北欧神話における原初の巨人の名前だ。

天体の豆知識
Tidbits of the star | ゼウスによってカリストはおおぐま座に、息子のアルカスはうしかい座の星アルクトゥルス（→P059）にされたという説もある。

エンケラドス

英 エンケラドス
ENCELADUS

分 類	衛星
確定番号	土星I
公転周期	約1日9時間
直 径	約510km
土星からの距離	約18万km

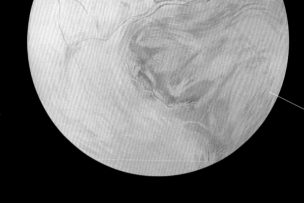

表面は氷におおわれていて、太陽系でもっとも白い。

表面から噴き出す水蒸気には、塩分、二酸化炭素、アンモニア、エチレンやプロピレンなどの有機物が含まれていた。

内部構造
Internal structure

内部海
核
マントル

　土星のリングE環のエリアにある第2衛星。1789年に天文学者ハーシェルが発見した。大気は薄く、50%以上が氷におおわれている。表面の氷の層が太陽の光をはね返すため、エンケラドスは太陽系随一の白さを誇り、どこか清白な印象を受ける。クレーターには溶けた跡のような部分があり、内側にある土星と外側にある第4衛星ディオーネなどの潮汐力の影響で生まれた熱エネルギーが、表面を溶かしたのではないかといわれている。

　表面のひび割れが特徴的で、南極の近くには「タイガーストライプ」と呼ばれる裂け目ができている。土星探査機カッシーニの観測によると、この裂け目から氷の粒子と水蒸気が猛スピードで噴出しており、その高さは400kmに及ぶという。衛星内部で熱活動が起きていて氷の下には液体の水があると予想されている。また、複数の有機成分も検出されている。これらのことから、エウロパ（→P035）と同様に生命が存在する可能性が指摘されている。

✷ *Episode* 　神々に殺された巨人族

　衛星エンケラドスの名は、ギリシア神話に登場する巨人族（ギガス族）のエンケラドスが由来だ。エンケラドスは大地の女神ガイアの子で、100本の腕をもち、仲間の巨人たちとオリンポスの神々に戦いを挑んだ。この戦いをギガントマキア（巨人の戦い）と呼ぶ。だが、女神アテナがエンケラドスの上にシチリア島を投げつけ、ゼウスによってエトナ山の下に埋められた。

✒ *Column* 　蛇の怪物テュポン

　エトナ山に埋められたあと、エンケラドスは火を吐き続けた。イタリアのエトナ山が噴火するのはこのためだという。ただしエトナ山に封印されたのは100の頭をもつ蛇の怪物テュポンという説もあり、エンケラドゥスとテュポンは同一視されることもある。テュポン（Typhon）は巨人族の最終兵器と恐れられるほど強大な力をもち、台風（typhoon）の語源ともいわれる。

天体の豆知識
Tidbits of the star　土星の衛星は、エンケラドスやテティスのように、ギリシア神話の巨人族であるギガス族やティタン神族が由来であることが多い。

大気に包まれメタンの川が流れる巨大衛星

タイタン

[英] タイタン
TITAN

分類	衛星
確定番号	土星Ⅵ
公転周期	約15日23時間
直径	約5150km
土星からの距離	約116万km

地表にはメタンの雨が降り注いでいる。

氷でできた地殻の厚さは100kmほどで、その下にあるとされる海は塩分濃度が30%もあるという。

内部構造
Internal structure

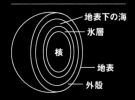

地表下の海
氷層
核
地表
外殻

オレンジがかかったもやにおおわれた、土星の衛星としてはとても大きい第6衛星。太陽系でも木星の衛星ガニメデ（→P037）に次いで大きい。1655年に物理学者ホイヘンスが発見した。土星のもっとも外側のリングであるE環の外側を公転している。表面は氷の地層でおおわれ、内部は氷と岩石が混じり合った未分化の状態だと予測されている。そこには塩水の地下海があるかもしれないと推測されている。

また、太陽系の衛星ではめずらしく濃い大気があり、約97％が窒素、約2％がメタンである。さらに、地球以外で唯一、表面に液体が存在しており、液体のメタンやエタンが川や湖をつくっている。代表的なものでは、地球に存在する液体燃料の約40倍ものメタンでできたリゲイア海や、そこに注ぎ込む約400kmの川「ヴィド・フルミナ（北欧神話に登場する毒の川の意味）」が存在する。蒸発した液体のメタンが雨となって地表に降るという循環を繰り返しており、濃い大気や液体の存在から、生命がいる可能性を期待されている。

✦ *Episode* ⋯⋯⋯⋯⋯⋯
巨人のティタン神族

衛星タイタンは、ギリシア神話に登場する巨人族のひとつ、ティタン神族から命名された。ティタン神族は、大地の女神ガイアと天空の神ウラノスの交わりによって生まれた神々。時空の神クロノスから生まれたゼウス率いるオリンポスの神々と戦ったが敗れ、タルタロスという地底深くの場所に幽閉されてしまう。この戦いをティタノマキア（ティタンとの戦い）と呼ぶ。

✒ *Column* ⋯⋯⋯⋯⋯⋯
衛星タイタンが登場する創作物

米国作家カート・ヴォネガットのSF小説『タイタンの幼女』（1959年）、同じく米国作家フィリップ・K・ディックのSF小説『タイタンのゲーム・プレーヤー』（1963年）、サム・ワーシントン主演のアメリカ映画『タイタンの戦い』（2010年）など、衛星タイタンが登場する作品は数多い。大気をもつ衛星として古くから注目されてきた。

天体の豆知識 ｜ ティタン神族の巨人といえば、一つ目の怪物キュクロプスや、50の頭と100本の腕をもつ怪物ヘカトンケイルなどがよく知られる

高い崖と深い谷をもついびつな衛星

ミランダ

英 ミランダ
MIRANDA

分　類	衛星
確定番号	天王星Ⅴ
公転周期	約13日11時間
直　径	約480km
天王星からの距離	約10万km

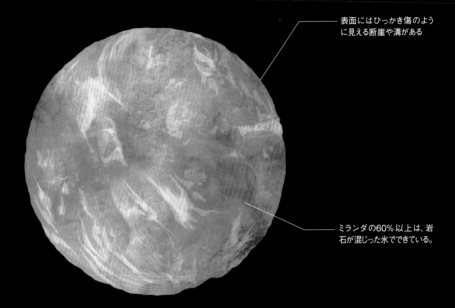

表面にはひっかき傷のように見える断崖や溝がある

ミランダの60％以上は、岩石が混じった氷でできている。

　天王星の５大衛星のうち、もっとも内側を公転しており、もっとも小さい。1948年に天文学者ジェラルド・カイパーが発見した。天王星の自転軸が横に傾いているため、赤道面を公転するミランダを含む衛星たちも縦向きに回っている。

　表面にはクレーターのほか、断崖や溝があり、ひっかかれた傷がついたような見た目が特徴的だ。これは、天王星の潮汐力によって大きな地殻変動が過去に起きたからとする説が有力だが、ほかの天体と衝突して一度粉々に砕け散った

破片が再び集まったからではないかとする説もある。

　ミランダは太陽系の衛星のなかでは小さいほうだが、太陽系でもっとも高い崖は、ミランダにある。「ヴェローナ・ルーペス（「断崖」という意味）」と呼ばれる崖だ。この崖の高さは約10km、長さは約116kmもある。アメリカのグランド・キャニオンの高さは約1.8kmなので、ミランダの崖は約6倍もの高さを誇る。そのうえミランダは重力が弱いため、崖の上から石を落としたら、なんと下に届くまで約10分もかかるといわれている。

 Episode ‹‹‹‹‹‹‹‹‹‹
喜劇『テンペスト』に登場する娘

　衛星ミランダは、ウィリアム・シェイクスピアの喜劇『テンペスト』の登場人物の名前から名づけられた。ミランダは、主人公であるミラノ大公プロスペローの一人娘。のちにナポリ王アロンゾの息子ファーディナンドと恋に落ち、最後は幸せな結婚をする。『テンペスト』はシェイクスピアの最後の作品で、復讐と罪の償い、和解がテーマとなっている。

Column ‹‹‹‹‹‹‹‹‹‹
シェイクスピアと関連深い

　天王星の衛星の大半は、『テンペスト』以外にもウィリアム・シェイクスピアの劇中人物にちなんだ名前がつけられている。たとえばティタニア、オベロン、パックは喜劇『真夏の夜の夢』の妖精たち、オフィーリアは悲劇『ハムレット』のヒロイン、ジュリエットは悲劇『ロミオとジュリエット』のヒロインなど。女性の名前が多いことも特徴だ。

天体の豆知識
Tidbits of the star | ミランダの地形も『テンペスト』の登場人物から命名されているものが多い。クレーターには「プロスペロー」や「ファーディナンド」など。

海王星に落下する運命をもつ巨大衛星

トリトン　［英］トリトン
TRITON

分　類	衛星
確定番号	海王星I
公転周期	約5日21時間
直　径	約2706km
海王星からの距離	約33万km

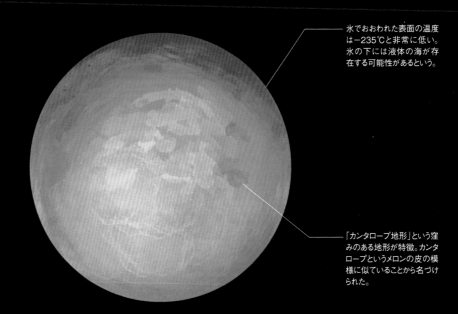

氷でおおわれた表面の温度は−235℃と非常に低い。氷の下には液体の海が存在する可能性があるという。

「カンタロープ地形」という窪みのある地形が特徴。カンタロープというメロンの皮の模様に似ていることから名づけられた。

　海王星の衛星でもっとも大きく、冥王星（→P027）よりも大きい第1衛星。1846年に天文学者ウィリアム・ラッセルが発見した。地球の10万分の1と薄いが、窒素やメタンを含む大気の存在が確認されている。海王星の潮汐作用で発生した熱エネルギーによる火山があり、熱い溶岩ではなく氷の蒸発によるガスを噴出している。NASAの探査機ボイジャー2号によって、黒い筋状の噴煙が確認された。

　一般的に衛星は母惑星の自転と同じ向きに公転するが、トリトンは海王星の自転方向とは逆回りに公転している非常にめずらしい大型の逆行衛星である。このことから、トリトンは海王星とは離れた場所で生まれたのちに接近し、海王星の重力で捕獲されたといわれている。

　逆行していることで、トリトンは海王星の重力によって少しずつ海王星に近づいている。そのため数十億年後には、限界に達してトリトンは破壊され、海王星に落下するか、海王星の環の一部になるかもしれないといわれている。

Episode ――――― 法螺貝を吹き鳴らす海神

　衛星トリトンは、ギリシア神話のポセイドン（海王星の名前の由来）の息子である、海の神トリトンに因んで命名された。トリトンは上半身は人間、下半身は魚（または蛇）の形をしている。海底の宮殿に住んでおり、法螺貝の吹奏を得意としている。ある時、トランペットの奏者ミセノスがトリトンに技競べを挑んだために、トリトンの怒りをかい溺死させられたといわれている。

Column ――――― 海にまつわる名前の衛星たち

　トリトン以外にも、海王星の衛星はギリシア神話に登場する海や水にまつわる神々や精霊、人物から命名されている。たとえばプロテウスは海神ポセイドンの配下である海の老人、ネレイド、ガラテアは海のニンフ（精霊）、ラリッサはポセイドンの妻の一人で海の妖精、デスピナはポセイドンの娘、タラッサは海の女神の名前が由来とされている。

天体の豆知識
Tidbits of the star ┃ 神話によるとトリトンは、リビアにあるトリトニス湖のほとりに住むともいわれている。

冥王星が体を分けた第1衛星

カロン
英 カロン
CHARON

分類	衛星
確定番号	冥王星I
公転周期	約6日9時間
直径	約1212km
冥王星からの距離	約549万km

冥王星からきたと思われるソリンという物質におおわれているため、北極部分は赤い色をしている。

大気はなく、表面はクレーター、巨大な山脈や谷などがある。

　冥王星（→P027）の第1衛星である衛星カロンは、天体の衝突により冥王星から分かれた天体と考えられている。冥王星の約半分もの大きさがあるため、カロンと冥王星はしばしば「二重惑星」とされることもある。二重惑星とは、大きさの近い2つの惑星がお互いの引力で引かれ合い、公転し合っているものだ。カロンには、赤道付近に沿って峡谷らしい溝が確認されているが、これはかつてカロン内部で発生した激しい地質活動によるものとされている。カロンの内部にはか

つて海があったが、その後海は凍り、内部が膨張したために地殻が引き裂かれて巨大な溝になったのではないかという説もある。
　なお、冥王星の周りを回る衛星は、カロン以外にも4つ確認されている。それぞれ夜の女神ニクス、9つの頭をもつ毒蛇ヒドラ、冥界の川ステュクス、冥府の門の番犬ケルベロスから命名されており、カロンと同様にギリシア神話の冥界にまつわる名前がつけられていることが特徴だ。

Episode
冥府の渡し守カロン

　ギリシア神話の冥府の川・アケローンの渡し守である老人カロンにちなんで命名された。琴の名手オルフェウスが、死んだ妻を追いかけて冥府の川にやってきた際、カロンは死人ではないオルフェウスに「戻れ」と言った。しかし妻を思って琴を奏でた音色に心を打たれたカロンは、オルフェウスに川を渡らせてあげた。ちなみに川を渡る際は渡し賃を払う必要がある。

Column
『指輪物語』に登場する黒い国

　カロンの北極付近にはまだ解明されていない、謎めいた黒い領域があるという。この領域のことを、研究チームは「モルドール」という愛称で呼んでいるそうだ。モルドールというのは、イギリスの作家J・R・R・トールキンの長編小説『指輪物語』（1954年）に登場する冥王サウロンの王国のことで、「黒い国」「影の国」という意味をもつ。

天体の異名
Another name ｜ 衛星カロンは英語圏で「シャーロン」とも呼ばれる。これはカロンを発見した天文学者の妻のニックネーム「シャー」に由来するという。

ハレー彗星

[英] ハリーズ　カメト
HALLEY'S COMET

分 類	彗星
公転周期	約76年
絶対等級	5.5

ガスやちりを噴き出し、
長い尾となる。

短周期彗星であるハレー彗星は、海王星の外側にある「エッジワース・カイパーベルト」と呼ばれる、たくさんの天体群からなる領域の近くからやってきている。

　約76年に一度、地球に接近する天体、それがハレー彗星だ。1705年、エドモンド・ハリーという人物が、ある彗星が周期的に出現することに気づいたことからハレー（ハリー）彗星と呼ばれるようになった。

　彗星とは、長い尾を引いて見える天体のことで、その多くは太陽の周りを、円や楕円の軌道で規則的に動く。小さな天体で、その大きさは長さ15 km、幅8 km。ハレー彗星はいわばちりで汚れた「雪だるま」のような天体で、その中心は、岩や氷、ちりからなる「核」でできている。ハレー彗星がなぜ尾をひいているかというと、太陽に近づくと、この核が太陽の熱によって蒸発するため。この時、氷がガスになり、ちりが宇宙空間に放出される。それらが太陽からの光や太陽風（太陽から噴き出すプラズマ）によって、太陽と反対側に流されると同時に光って見えるので、尾を引くように見えるのだ。

　現在、ハレー彗星は、海王星よりも外側を回っていて、次に地球に接近するのは2061年の予定である。

✑ Column
不吉と恐れられた彗星

　彗星の正体がわかっていなかった頃は「不吉のしるし」とされ、恐れられたハレー彗星。1910年には、彗星の尾が猛毒を撒き散らし、地球の生物が窒息するなどの噂が世界中に広まった。日本でも明治43年5月28日の富山日報にて「ハレー彗星一度出づるや世界十五億の蒼生は天を仰いで其奇異なる光茫に驚かざるは無し」と、ハレー彗星への恐れを伝えた。

✑ Column
日本最古の記録は『日本書紀』

　ハレー彗星は地球に約76年に一度近づいてくるため、古くからその存在が、世界中の人々に知られていた。最古の記述は中国の古典『史記』にあり、紀元前240年3月30日、秦の始皇帝の時代に目撃されている。日本で初めて目撃されたのは684年の飛鳥時代。「彗星西北に出で長さ丈余」と『日本書紀』にあり、日本最古のハレー彗星の記録とされる。

天体の異名
Another name

彗星の異名は多い。竹箒に似ているので箒星（ほうきぼし）。天が穢れを掃くという意味で掃星（はたきぼし）。そのほか、形の類似から鉾星（ほこぼし）、穂垂（ほた）れ星（ぼし）、扇星（おうぎぼし）など。

毎秒ワイン500本分のアルコールを撒く彗星

ラブジョイ彗星

[英] カメト ラブジョイ
COMET LOVEJOY

| 分類 | 彗星 |
| 公転周期 | 約8000年 |

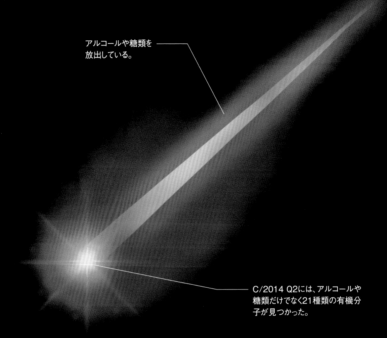

アルコールや糖類を
放出している。

C/2014 Q2には、アルコールや
糖類だけでなく21種類の有機分
子が見つかった。

　宇宙には、お酒好きにはたまらない天体がある。その名もラブジョイ彗星「C/2014 Q2」。2014年に観測された彗星だ。彗星の成分はほとんどが氷とちりだが、この彗星は1秒間にワインボトル500本分ものアルコールを、宇宙に撒き散らしていることがわかったという。我々地球人が飲むアルコール飲料にはエチルアルコールという成分が含まれているが、この成分が彗星から見つかったのは初めてだという。さらに、アルコールだけでなく、糖類も放出していることがわかっている。

　ラブジョイ彗星は、オーストラリアのアマチュア天文家、テリー・ラブジョイ氏が発見した彗星を指す。C/2014 Q2は、彼が発見した彗星のひとつで、2015年1月に太陽に接近し、4〜5等級ほどの明るさを保っていた。次第に太陽系から遠ざかっていき、現在は見ることはできない。公転の周期は非常に長く、次に太陽の近くにもどってくるのは8000年後だと計算されているが、実際は軌道が極めて細長いため誤差が大きく、次回の出現予測は難しいという。

Column ◆ 太陽に極めて近づいた彗星

ラブジョイ氏が発見した彗星には、2011年に発見されたラブジョイ彗星「C/2011 W3」という彗星もある。この彗星は、13万2000kmまで太陽に接近。通常、これほど太陽に近づいた彗星は、太陽の熱で蒸発するか砕ける運命にある。しかし、この彗星は生き延びた。そして南半球で一際明るく輝き、その雄大な姿は「2011年クリスマスの大彗星」と呼ばれた。

Column ◆ 彗星のふるさと

ラブジョイ彗星やハレー彗星のような彗星の多くは、同じ場所から来ると考えられている。それが太陽から約1光年離れた位置にあり、太陽系を囲むように天体が集まった「オールトの雲」。ここには太陽系の惑星になれなかった小さな天体たちが集まっている。いわば彗星のふるさとで、ほかの恒星などの影響でここから弾き飛ばされ、太陽に向かった天体が彗星になるという。

天体の豆知識
Tidbits of the star ｜ 流星（流れ星）は地球に飛び込んできた砂粒など宇宙塵が、大気中で発光して見える現象で、彗星とは異なる。流星火（りゅうせいか）、火球（かきゅう）、夜這い星など、流星には異名が多い。

ギリシア神話と天体

惑星や衛星の名前や星座の物語の多くは、ギリシア・ローマ神話と深い関わりをもつ。

ギリシア・ローマ神話とは？

星座は、紀元前3000年頃にメソポタミア地方で生まれたとされる。やがて星座はギリシアへと伝わり、ギリシア神話の物語と星座が結びつけられるようになった。

紀元前146年、ギリシアはローマの属州となるが、ローマ人は自分たちの神とギリシアの神を同化させて、ローマ神話をつくった。そのため2つの神話はまとめて「ギリシア・ローマ神話」と称されることもあり、同じ神様でもギリシア神話とローマ神話の2通りの名前をもつ。

ギリシア神話関係図

ギリシア神話の最高神ゼウスを中心に、惑星や衛星の名前、星座の物語などに登場する
主な神々や英雄の相関関係を紹介する。

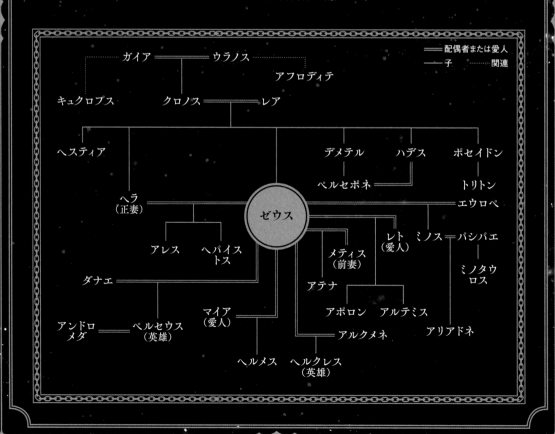

Chapter 2

太陽系外の天体

Celestial Bodies Outside The Solar System

宝石のようにきらめく夜空の星々。地球の砂粒を全部集めても
足りないほどあるという無数の星々から、16の美しい恒星たちを厳選した。

データの見方

分　類	その天体の種類。	**地球からの距離**	その天体と地球の距離を「光年」で記している。
関連星座	その恒星が属する星座と、星座ごとに明るい順につけられたギリシア文字の符号。	**メシエ番号**	フランスの天文学者メシエがつけた星雲・星団の番号。
実視等級	地球から見えるその恒星の明るさの等級を表している。	**NGC**	デンマークの天文学者ドライヤーがまとめた星雲・星団のカタログ番号。
見える季節	その恒星が日本で見える季節。	**種　類**	星雲や星団の種類を記している。
見える方角	上記の「見える季節」において、日本の20時頃にその恒星が見える方角。	**星　座**	その星雲や星団がある星座。

北天の中心に座す北極星

ポラリス <small>英 ポラリス</small>
POLARIS

分 類	恒星
関連星座	こぐま座α星
実視等級	2.0
見える季節	春
見える方角	北
地球からの距離	433光年

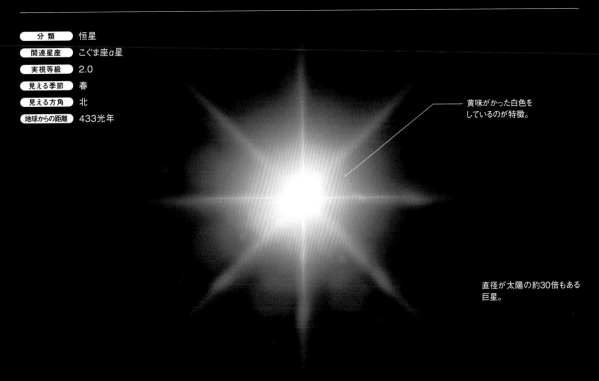

黄味がかった白色をしているのが特徴。

直径が太陽の約30倍もある巨星。

「北極星」の名で知られる、天の北極に黄色く輝く星。こぐま座の α（アルファ）星（→P152）であり、しっぽ部分に位置する。日周運動（地球の自転により星が東から西へ動くように見えること）でほぼ動くことがないため、常に真北に見えており、古くから方角を知るために使われてきた。

主星のほかに、実視連星（望遠鏡で観測できる連星）で9等星の伴星と、さらに分光連星（スペクトル線の変化で確認できる連星）をもつ三重連星（3つの非常に近い恒星をまとめて指す）である。

実は、遠い未来においてポラリスは北極星ではなくなる。地球の自転軸はやや傾いているため、約26000年周期で軸の向きが変わる。ポラリスも次第に北極からずれていき、真北を示す星として役立つのはあと1000年ほどといわれている。そして、約12000年後にはポラリスに代わってベガ（→P063）が北極星になる。また約5000年前のエジプトでは、りゅう座（→P133）の α星トゥバンが当時の北極星だった。

Episode 北米に伝わる北極の精霊

ネイティブアメリカンの伝説によると、昔、道に迷った村人たちの前に子どもが現れた。子どもは自らを北極の精霊だと言い、「お前たちの村は北にある。私についてこい」と言った。おかげで無事に村にたどり着いた村人たちは、子どもの瞳が北に輝く星のように煌めいていたことから、その北の星を「いつも動かぬ星」と名づけて崇めたという。

Column 極の星を意味するポラリス

ポラリスとは、ラテン語で「極の星」を意味する「ステラ・ポラリス」に由来する。古代ギリシアでは、「犬の尾」という意味の「キノスラ」と呼ばれ、日本での「北極星」という呼び名は、中国から伝わったものだ。司馬遷の『史記』にすでに登場しているという。ほかにも「北の一つ星」「心星（しんぼし）」「子（ね）の星」などと呼ばれている。

天体の異名 *Another name* ｜ 北極星、北の一つ星、心（しん）の星、子（ね）の星＜十二支で「子」が真北にあたることから＞、目あて星、方角星、ステラ・マリス（海の星）、ナビガトリア（航海を導く星）などがある。

アルクトゥルス

[英] アークトゥラス
ARCTURUS

分 類	恒星
関連星座	うしかい座α星
実視等級	0.0
見える季節	春
見える方角	東
地球からの距離	37光年

オレンジ色に明るく輝く星。表面温度は約3800℃と低め。

太陽の27倍ほどもある赤色巨星で、明るさは太陽の約200倍。

オレンジ色に明るく輝く1等星。うしかい座の α（アルファ）星で、春から初夏にかけて北の夜空で見ることができる。アルクトゥルスと北斗七星の柄の星々、おとめ座（→P111）の α 星スピカをつなぐと大きなカーブを描くことから、この曲線は「春の大曲線」と呼ばれている。

また、アルクトゥルスとスピカ、しし座（→P109）の β（ベータ）星デネボラの3つの星は「春の大三角」と呼ばれている。

春の空で目立つ1等星同士のアルクトゥルスとスピカは「春の夫婦星」と呼ばれる。「夫」のアルクトゥルスは、秒速125kmの高速で天の川銀河の中を移動している。少しずつスピカの方向へ近づいており、約6万年後には「妻」のスピカのすぐ近くに移動するので、「夫婦星」の名にふさわしく2星が寄り添うことになる。

現在もものすごい速さで太陽に近づいているが、数千年後には遠ざかり、約50万年後には肉眼では観測できないほどはるか遠くに移動する。

Episode
熊の番人を意味するアルクトゥルス

アルクトゥルスとは、ギリシア語で「熊の番人」という意味。アルクトゥルスが属するうしかい座は2匹の猟犬を連れた牛飼いの姿をなぞらえた星座で、やや北にあるおおぐま座（→P127）を追いかけているように動く。中国では「大角（だいかく）」という名前で、青竜（さそり座のこと→P115）の角のひとつとされている。

Column
麦刈りの季節に見える星

明るいオレンジ色に輝くアルクトゥルスは、古くから季節の移り変わりや方角を知る星として知られていた。日本では、麦の刈り入れが始まる季節に頭上に輝いて見えたことから「麦星（むぎぼし）」と呼ばれた。また、梅雨の日暮れ時に空に見えたことから「五月雨星（さみだれぼし）」や「雨夜（あまよ）の星」などとも呼ばれていた。

天体の豆知識
Tidbits of the star ｜ ギリシア神話では、うしかい座の牛飼いは巨人アトラスとされる。アトラスの話はりゅう座（→P133）を参照。ほかに、おおぐま座（→P127）の話に登場する狩人アルカスという説もある。

春の南天で孤独に輝くヒドラの心臓

アルファルド

[英] アルファード
ALPHARD

分 類	恒星
関連星座	うみへび座α星
実視等級	2.0
見える季節	春
見える方角	南
地球からの距離	180光年

真紅またはオレンジ色に輝く星。太陽の300倍以上の明るさを放つ。

2等星だが、うみへび座の中ではもっとも明るいα（アルファ）星。

　春の夜空に巨大な体をくねらせて宙に横たわる、うみへび座の心臓に位置する星。そのため、18世紀のデンマークの天文学者ティコ・ブラーエによって、ラテン名で「コル・ヒドレ（ヒドラの心臓）」という異名がつけられている。ヒドラとは、9つの頭をもつ毒を吐く水蛇でギリシア神話に登場する。

　真紅（またはオレンジ）に輝く赤色巨星（→P153）で、この星が赤いのは、表面温度が太陽の半分くらい（約3000℃）と低いためである。ただし、星の直径は太陽よりもずっと大きいため、太陽の300倍以上もの明るさを放っており、地球からは2等星として見えている。ちなみにアルファルドと同じ位置から太陽を見たら、太陽は9等星にあたり、肉眼では見えないそうだ。

　なお、アルファルドという星の名は、アラビア語で「孤独なもの」という意味をもつという。暗い星ばかりの春の南の空で、一際ぽつんと寂しげに輝いているため、アラビアでは「アル・ファルド・アル・シュジャー（蛇の孤独な星）」の名でこの星を呼んでいた。

Column うみへび座の神話

　アルファルドの属するうみへび座は、ギリシア神話では英雄ヘルクレスの2番目の試練に登場する。この海蛇は、レルネの野のアミュモーネという泉に棲んでいる、9つの頭をもつヒドラ（水蛇）とされる。ヒドラは人間の土地や家畜を荒らすなど悪さをしていたため、英雄ヘルクレスと、ヘルクレスの甥イオラオスによって退治され、天に昇り星座となった。

Column 柳宿と朱鳥

　うみへび座のヒドラの頭部にあたる8つの星は、柳の若枝が垂れた様子を連想させることから、中国では「柳宿（りゅうしゅく）」と呼んでいた。その柳宿の近くに輝くアルファルドは「朱鳥（しゅちょう）」や「鳥」と呼ばれた。中国最古の記録書『堯典（ぎょうてん）』には、「日没後、鳥という星が真南にやってくる頃が春分である」と記されている。

天体の豆知識
Tidbits of the star ┃ うみへび座は巨大な星座で、頭から尾までが全天の4分の1に及ぶほど東西に長い。

白くまばゆい光を放つ夏の夜の女王

ベガ

［英］ヴェガ
VEGA

分　類	恒星
関連星座	こと座α星
実視等級	0.0
見える季節	夏
見える方角	東
地球からの距離	25光年

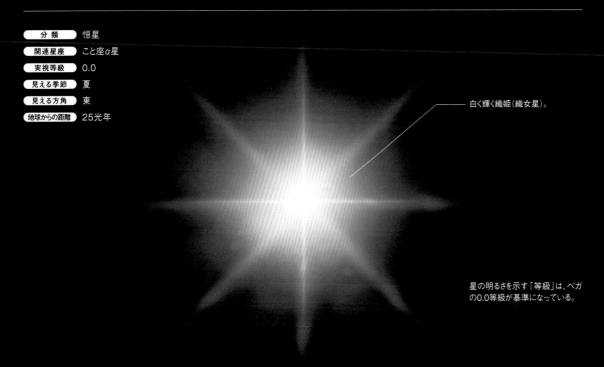

白く輝く織姫（織女星）。

星の明るさを示す「等級」は、ベガの0.0等級が基準になっている。

　東の夜空に白く輝くこと座のα（アルファ）星。夏の星座のなかでもっとも明るい1等星だ。七夕の「織姫（織女星）」としても有名で、「彦星（牽牛星）」の名をもつわし座のアルタイル（→P065）とは、夏の天の川を間にはさんで向かい合う位置にある。ベガとわし座のアルタイル、はくちょう座のデネブ（→P067）の3つをつないで、「夏の大三角」と呼ばれている。

　アラビア語で「落ちる鷲」という意味の「アン・ナスル・アル・ワーキ」の「ワーキ」が「ベガ」の語源で、ベガの近くの2つの星を翼に見立てている。

　ベガは、わし座のアルタイルとペアの星として「夫婦星」や「ふたつ星」、沖縄では天の川のそばに見えることから「アメンクラブシ（天の川星）」とも呼ばれていた。また、西洋では夏の夜にひときわ明るく輝くベガを、「夏の夜の女王」や「真夏のダイヤモンド」に例えたという。中東の少数民族アッシリア人はベガを「天の審判者」と呼び、神殿でベガを観測したと伝えられている。

Episode
古代中国の七夕伝説

　七夕の伝説は中国から伝わった。古代の中国では、ベガを機織りを仕事とする織女（しょくじょ）、アルタイルを牛飼いの牽牛（けんぎゅう）になぞらえた。1人で機織りをしていた娘の織女を見た天帝は、牽牛と夫婦にした。しかし、結婚してから遊ぶばかりになった織女に怒った天帝は、2人を離ればなれにする。そして1年に一度、7月7日にしか会えなくなる罰を与えたという。

Episode
オルフェウスと竪琴

　こと座の由来は、ギリシア神話の音楽の名手オルフェウスの竪琴とされる。オルフェウスが奏でる琴の音色は人間だけでなく森の動物や木々も感動させたという。アルゴ船（→P087）での旅の際には、竪琴を演奏して荒波を鎮めたり、魔女セイレーンの誘惑をはねのけたり、竜を眠らせたりした。死後、オルフェウスが葬られた墓からは、竪琴の音色が聞こえてきたという。

天体の豆知識
Tidbits of the star　　ギリシア神話によれば、オルフェウスの竪琴は伝令の神ヘルメスが作り、牛を盗んだお詫びの品として音楽の神アポロンへ与えたもの。その後、竪琴は父アポロンから息子のオルフェウスへ授けられた。

白光をまとい夏空を飛ぶ鷲

アルタイル [英] アルテア *ALTAIR*

分類	恒星
関連星座	わし座α星
実視等級	0.8
見える季節	夏
見える方角	東
地球からの距離	17光年

白く輝く彦星（牽牛星）。

直径は太陽の2倍。自転スピードが秒速240kmと速いため、星の形がつぶれた楕円形をしている。

夏の夜空に白く輝く、わし座の α（アルファ）星。「夏の大三角」を構成する星のひとつ。アルタイルは自転速度が6時間ほどと高速で回転している。星の表面では秒速240kmのスピードで、太陽の秒速2kmと比べても非常に速い。そのため、赤道付近の形が横にふくらんで楕円形になっている。

「アルタイル」の名は、アラビアで「飛ぶ鷲」という意味の「アン＝ナスル・アッ＝ターイル」を語源とする。両脇にあるβ（ベータ）星、γ（ガンマ）星と合わせて、翼を広げて砂漠の空を飛ぶ鷲の姿に見えることから名づけられた。

こと座のベガ（→P063）とは対となる星として扱われてきた。七夕の彦星（中国名は牽牛星）の名でも有名だ。夫婦星のベガとは天の川をはさんで向かい側にある。また、中国ではアルタイルを大将軍、β星を左将軍、γ星を右将軍と呼んだり、この3つの星を太鼓の形に見立てて「河鼓三星（かこさんせい）」と呼んだりもする。「天の川の中にある鼓」という意味で、太鼓は戦場で兵士を鼓舞するために用いられた。

🌠 *Episode* ──── アイヌの兄弟星

昔、川の近くに住む兄弟の母が死んだ。そこに老婆が現れて「川を渡してくれたら母親に会わせる」と言ったが、舟はなかなか向こう岸に着かない。怠け者の兄は漕ぐのをやめ、働き者の弟は漕ぎ続けた。老婆は神の姿になり、兄を地獄へ落とし、弟を天へ上げた。この話はアルタイルの左右にある暗い星を兄、明るい星を弟に見立てた教訓話としてアイヌに伝わる。

🖋 *Column* ──── わし座の「鷲」の正体

わし座の「鷲」の正体は諸説ある。ギリシア神話で、最高神ゼウスに仕えた黒鷲もそのひとつ。黒鷲は雷の矢をもち、ゼウスに下界の情報を伝えていたという。ほかにも、栗色の髪とばら色の唇をもつ美少年ガニュメデスを気に入ったゼウスが、彼をさらったときに変身した鷲だとする説もある。海外の古星図には、わし座の鷲が美少年をさらう絵が描かれている。

天体の異名
Another name | アラビアでは、「飛ぶ鷲」のアルタイルと「落ちる鷲」のベガを、「アル・ナスライン（2羽の鷲という意味）」と呼んでいたという。

北の夜空を彩る青き十字星

デネブ

[英] デネブ
DENEB

分　類	恒星
関連星座	はくちょう座α星
実視等級	1.2
見える季節	夏
見える方角	東
地球からの距離	約1400光年

青白い輝きを放つ。暗めに
見えるが、実際には太陽の
約5000倍も明るい。

表面温度が約9200℃もある
青色超巨星。

　はくちょう座のα（アルファ）星で、夏の夜空に青白く輝く超巨星。ベガ（→P063）、アルタイル（→P065）と合わせて「夏の大三角」をつくる1等星だ。地球からの距離は約1400光年。25光年のベガ、17光年のアルタイルと比べて非常に遠く、1等星の中ではもっとも遠くの距離にある。そのため暗めに見えるが、実際の輝きは太陽の約5000倍の明るさを誇る。現在、デネブは毎秒5キロの速度で太陽系に近づいているという。

　アラビア語で「めんどりの尾」という意味の「アッ＝ザナブ・アッ＝ダジャージャ」の「ザナブ（尾）」を名の語源とする。ギリシア神話では、めんどりを白鳥に見立てている。デネブは、翼を広げて天の川の上を飛ぶ白鳥のしっぽの部分に位置している。はくちょう座の星をつなぐと大きな十字を描いており、南天の南十字星に対して「北十字星」、「キリストの十字架」と呼ばれることも。中国では、デネブを含む星々を天の川にある船の渡し場に見立てて渡船場という意味の「天津（てんしん）」と呼ばれている。

Episode
ゼウスが化けた白鳥

　白鳥の正体として有名なのは、ギリシア神話の主神ゼウスの化身だとする説だ。ゼウスがスパルタ王妃のレダに近づくために変身した姿だとされている。ゼウスと結ばれたレダは2つの卵を産んだ。その卵のひとつから、ふたご座（→P105）のカストルとポルックスの兄弟、もうひとつからはヘレンとクリュテムストラという美しい姉妹が生まれたという。

Episode
キュクノスとはくちょう座

　ギリシア神話には、キュクノスがはくちょう座となったとする伝説が複数ある。太陽王アポロンの息子キュクノスが美女に捨てられて湖に身投げしたため、アポロンが星座にした説。海神ポセイドンの息子キュクノスが英雄アキレウスに敗れたため、ポセイドンが星座にした説。一方で、竪琴の名手オルフェウスが白鳥の姿をされて隣のこと座のそばに置かれたとする説もある。

天体の異名
Another name
日本ではデネブを「十文字星（じゅうもんじぼし）」「十文字様（じゅうもんじさま）」と呼ぶこともある。また、七夕の星ベガとアルタイルより遅れて見えることから「古七夕（ふるたなばた）」「後七夕（あとたなばた）」ともいう。

「天上の宝石」の名をもつ二重星

アルビレオ

[英] アルビレオ
ALBIREO

分 類	恒星
関連星座	はくちょう座β星
実視等級	2.9（明るい方の星）
見える季節	夏
見える方角	東
地球からの距離	434光年（明るい方の星）

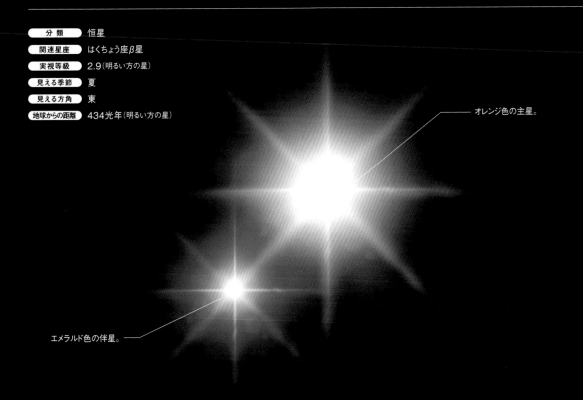

オレンジ色の主星。

エメラルド色の伴星。

　はくちょう座の β（ベータ）星で、非常に美しい二重星。その圧倒的な美しさから、「天上の宝石」と称される。二重星とは実際は遠く離れているが、地球からは連星（互いに引力で引き合う2つの恒星）のように見える星のことだ（アルビレオは連星だとする説もある）。アルビレオは3等星であるため、肉眼では2つの星をはっきりと確認することは難しい。ただし、望遠鏡をのぞけば、金色（オレンジ色）に輝く主星とエメラルド色に輝く伴星が寄り添う姿を見ることができる。

　アルビレオは、α（アルファ）星ベガ（→P063）とともに、はくちょう座の十字を構成している星で、先端にあるくちばしにあたる部分に位置している。

　アルビレオという名前の起源は不明で、アラビア語の「アビレオ（くちばし）」からついた名前という説もあるが、よくわかっていない。そのほか、アラビア語で「アル・ミンハル・アル・ダジャジャー（めんどりのくちばし）」という言葉から、「メンカル」とも呼ばれていたという。

✒ Column
『銀河鉄道の夜』に登場

　作家の宮沢賢治は『銀河鉄道の夜』のなかで、アルビレオの二重星をそれぞれ「サファイア（青玉）」と「トパーズ（黄玉）」に例えている。物語のなかにはアルビレオの観測所が登場し、「眼もさめるやうな、青宝玉と黄玉の大きな二つのすきとほった球が、輪になってしづかにくるくるとまはってゐました」とその美しさを表現している。

✒ Column
サッカーチームの名前

　日本のプロサッカーチーム「アルビレックス新潟」の名は、アルビレオにラテン語で「王」という意味の「レックス」を組み合わせて「サッカー界の王者に向けて羽ばたく」という意味が込められている。新潟県は白鳥が飛来する地としても有名である。ちなみに、同じくプロサッカーチームの「ベガルタ仙台」はベガとアルタイル（→P065）が語源である。

天体の豆知識　　大正〜昭和時代の詩人である尾崎喜八も、「地衣の星」という詩にてアルビレオの美しさを讃えている。
Tidbits of the star

フォーマルハウト

[英] フォマラウト
FOMALHAUT

分類	恒星
関連星座	みなみのうお座α星
実視等級	1.2
見える季節	秋
見える方角	南
地球からの距離	25光年

本来は青白いが、日本では空の低い位置に見えるため、大気の影響で黄色い星に見えることもある。

直径は太陽の約1.8倍。表面温度は9300℃と太陽の6000℃と比べると高温。

　みなみのうお座のα（アルファ）星。明るい星が少ない秋空で唯一の1等星で、南の空にぽつんと輝いている。秋の航海の目印にもされていたという。青白い色だが、日本では空の低い位置にあるため、大気の影響で黄色く見えることもある。日本で見える1等星のなかでは、4番目に近い25光年という距離にある恒星で、秒速7kmのスピードで遠ざかっている。

　また、この星はちりやガスでできた赤くて巨大な環に囲まれている。この環はフォーマルハウトから約200億kmの距離

にあり、幅は約20億kmである。その環の中や近くには惑星があるかもしれないといわれている。また、2つの伴星をもつ三重連星系でもある。

　フォーマルハウトの名は、アラビア語で「魚の口」を意味する「ファム・アル＝フート」に由来する。その名の通り、魚の口元で輝いている。みなみのうお座の上にはみずがめ座（→P121）があり、水瓶から落ちてくる水を受け止めて飲みこんでいるような位置に、フォーマルハウトがある。

Episode
女神アフロディテの化身

　ギリシア神話では、みなみのうお座は愛と美の女神アフロディテの化身だとされている。ある日、神々がナイル川（ユーフラテス川やエリダヌス川とする説もある）で宴をしていると、怪物テュフォンが襲ってきた。アフロディテは魚に変身して川底に逃げたという。同じく秋の星座であるうお座（→P123）の角の組がとからのうさ座でもまった小型ですで

Column
城を守る北門の星

　中国では、旧都長安の北門にちなんで「北落師門（ほくらくしもん）」と呼ばれていた。「城を守る北門」という意味だが、実際に北落師門という門があったかは不明。江戸時代の百科事典『和漢三才図会（わかんさんさいずえ）』では北落師門の項目に「星が明るく大きければ軍は安穏。微弱であ

メドゥーサの額で輝く悪魔の星

アルゴル [英] アルゴル ALGOL

分類	恒星
関連星座	ペルセウス座β星
実視等級	2.12（もっとも明るく見えるとき）
見える季節	秋
見える方角	東
地球からの距離	93光年

明るさは2.1等から3.4等まで変化する。

明るい主星のそばに伴星があり、変光を起こす。主星の質量は、伴星の約5倍。

　秋空に浮かぶペルセウス座のβ（ベータ）星。秋の終わり頃に見ることができる。2等星なので目立つ星ではないが、変光星（明るさが変化して見える恒星）の代表的な星として有名だ。約2.86日の周期で、2.1等から3.4等まで明るさを変える。連星の伴星が主星の前を横切ることで、日食のように明るさが変わる。このような変光星のことを「食変光星」という。そして、アルゴルのように食が起きるとき以外は一定の明るさが維持される変光星を「アルゴル型変光星」と呼ぶ。

　名前はアラビア語で「悪魔の頭」を意味する「アル＝グール」に由来する。ペルセウス座は、ギリシア神話に登場する勇者ペルセウスが、右手に剣、左手に退治した悪魔メデューサの首を持つ姿で描かれるが、そのメドゥーサの首の額の位置に輝いているのがアルゴルである。ペルセウス座の近くのケフェウス座、カシオペヤ座（→P129）、アンドロメダ座は、神話に登場する古代エチオピアの王と王妃、姫の名前にちなんでおり、ペルセウスと深く関係する星座たちだ。

Episode ‥‥‥‥‥‥‥‥
ペルセウスのメドゥーサ退治

　ギリシア神話の勇者ペルセウスは、最高神ゼウスの子。あるとき、母を救うためメデューサの首が必要となる。メデューサとは蛇の髪をもち、見た者を石に変える怪物だ。ペルセウスは、女神アテナから授かった盾にメドゥーサを映して近づき、首をはねることに成功した。このとき首から出た血がしみた岩からペガスス座（→P131）の天馬が生まれたという。

Episode ‥‥‥‥‥‥‥‥
ペルセウスとアンドロメダ姫の伝説

　ペルセウス座の隣に位置するアンドロメダ座と関連したギリシア神話もある。ペルセウスは、海神ポセイドンの生贄にされた古代エチオピアのアンドロメダ姫が、海の怪獣に襲われそうになっているところに遭遇する。ペルセウスは、メデューサの首を取り出して怪獣を石にして姫を救った。このことがきっかけで2人は結ばれ、夫婦になったという。

天体の豆知識
Tidbits of the star ｜ アルゴルが変光する理由を発見したのは、ジョン・グッドリックというイギリスの青年だった。

輝きを変えるくじら座の心臓

ミラ
[英] ミラ
MIRA

分類	恒星
関連星座	くじら座o星
実視等級	3.0
見える季節	秋
見える方角	南
地球からの距離	約300光年

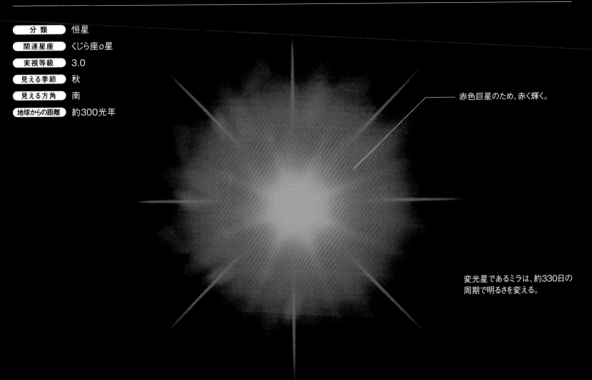

赤色巨星のため、赤く輝く。

変光星であるミラは、約330日の周期で明るさを変える。

　秋の終わりかけに南の夜空に赤く輝くのが、くじら座のo（オミクロン）星ミラだ。ラテン語で「不思議なもの、驚くべきもの」という意味である「ステラ・ミラ」が名前の由来だ。これは、時期によって明るさを変える変光星だからだ。ミラは最初に発見された変光星で、明るさの幅が2等星から10等星までと非常に大きい。6等星より暗い星は肉眼では見えないため、見えるときと見えないときがある。

　ミラは年老いた赤色巨星であり、老いた星が膨張と縮小を繰り返すことが原因の「脈動変光星」を代表する星だ。ミラのように脈動変光の周期が非常に長いものを「長周期変光星」「ミラ型変光星」という。1596年にドイツの天文学者ファブリキウスによって発見され、332日という長周期で変光することが判明した。

　くじら座は、ギリシア神話などに登場する海の怪物が元になっており、ミラは怪物の心臓部分に輝いている。くじら座は全天で4番目の非常に大きい星座である。

Episode
ギリシア神話の海獣ケートス

　くじら座はギリシア語で「ケートス」といい、「海の怪獣」という意味。くじら座とはいうものの鯨の姿で描かれることは少なく、上半身に爪がついた手をもち、下半身は魚という海獣の姿で描かれていることが多い。ケートスにまつわるもっとも有名な伝説にギリシア神話に登場する古代エチオピアのアンドロメダ姫を襲った海の怪物の話がある（→P073）。

Episode
くじら座の起源ティアマト

　メソポタミア神話の女神ティアマトをくじら座のモデルとする説もある。ティアマトは、バビロニアに伝わる創世神話『エマヌ・エリシュ』に登場する原初の海の女神だ。神話によると塩水の神ティアマトと淡水の神アプスから、多くの神が生まれた。子の1人である魔術の神エアの息子マルドゥクがティアマトを殺し、2つに裂けた体から天と地ができたという。

天体の豆知識　　ミラは、ラテン語で「驚きの」という意味だが、英語で「奇跡の」という意味の「miracle」の語源でもある。
Tidbits of the star

シリウス

[英] シリウス
SIRIUS

分 類	恒星
関連星座	おおいぬ座α星
実視等級	－1.5
見える季節	冬
見える方角	南
地球からの距離	8.6光年

青白い色をしており、星の表面温度は約1万℃。

地球から見えるもっとも明るい－1.5等星。1等星約10個分の明るさに相当する。

全天でもっとも明るい1等星。冬空にひときわまぶしく輝いているのがシリウスだ。明るさは「－1.5等星」で、1等星約10個分という別格の明るさを誇る。これは、宇宙で一番明るい恒星ということではなく、地球から非常に近い8.6光年のところにあるため。直径は太陽の約1.7倍、重さは太陽の約2倍。色は青白く、表面温度が約1万℃と高い。生まれて5億歳という若い星でもある。また、シリウスは代表的な白色矮星(地球ほどの大きさで太陽ほどの質量をもつ星)としても有名で、伴星を従えている。

おおいぬ座のα(アルファ)星であり、大きな犬の口元に位置する。同じく冬の1等星である、プロキオン(→P079)、ベテルギウス(→P081)と合わせて「冬の大三角」と呼ばれている。おおいぬ座の由来は諸説ある。すぐ近くにあるオリオン座の狩人オリオンが連れている猟犬であるという説や、月と狩りの女神アルテミスの侍女プロクリスが飼っていた名犬レラプスだとする説などがある。

Column
洪水を知らせる予言の星

「シリウス」とは、ギリシア語で「焼き焦がすもの」という意味の「セイリオス」からきた言葉。シリウスが太陽の方向と重なる時期になると、暑い夏が始まることが由来だ。古代エジプトでも、日の出前に東の空にシリウスが見られるようになるとナイル川の水量が増す時期に入るため、洪水を予告してくれることから「ナイルの星」と呼ばれ崇められていた。

Column
シリウスは赤くて不吉を呼ぶ星だった？

現在、シリウスは青白く見えるが、古代のギリシアでは「赤い星」と記されている。古代ギリシアの詩人ホメロスの叙事詩『イリアス』には「禍の星とされている」とある。昔のヨーロッパでは災厄をもたらす星だとみなされており、シリウスが太陽と同じ時刻にのぼる夏の時期を「ドッグ・デイズ(犬の日)」として赤毛の犬を生贄にする厄払いをしていたという。

天体の異名
Another name　南の色白(いろしろ)、大星(おおぼし)、青星(あおぼし)、中国では「天狼(てんろう)」、ヨーロッパでは「ドッグスター」「ドッグデイ」ともいう。

白色に煌めく冬夜の可憐な星

プロキオン

[英] プロシアン
PROCYON

分 類	恒星
関連星座	こいぬ座α星
実視等級	0.4
見える季節	冬
見える方角	南
地球からの距離	11光年

冬の南天に白く輝く。星の表面温度は約6400℃。

1等星の中では、シリウスの次に地球の近くにある恒星。

　冬の南の空に白く輝く1等星。こいぬ座のα（アルファ）星で、地球からの距離は11光年ととても近い。太陽の約6倍の輝きをもつ恒星である。直径は太陽の約2.1倍、重さは約1.8倍、表面温度は約6400℃だ。1等星のプロキオンと3等星のβ星以外に、こいぬ座には目立つ星はない。しかし、プロキオンは「冬の大三角」の一角を成す冬空に欠かせない星だ。同じく「冬の大三角」を構成する星のひとつであるのシリウス（→P077）の左上に輝いており、2つの星の間には、淡い輝きを放つ冬の天の川が流れている。

　プロキオンとは「犬の先駆け」という意味で、おおいぬ座のシリウスよりも早く東の空にのぼることから、大きな犬の登場を知らせる星として名づけられた。ほかにもプロキオンとシリウスは関連づけられた呼び名が多く、アラビア語では「北のシリウス」の意味である「アル・シラ・シャミイヤ」、日本の島根県では白く輝くことから「色白」、シリウスは「南の色白」と呼ばれている。

Column
ギリシア神話に登場する猟犬

　こいぬ座の子犬は、ギリシア神話に登場する狩人オリオンの猟犬だとする説や、狩人アクタイオンの猟犬メランポスだとする説がある。ある日、アクタイオンは女神アルテミスが水浴びしているところを見たせいで、鹿にされた。その鹿を見つけたメランポスは、正体を知らずに噛み殺してしまう。その後、帰らぬ主人を待ち続ける小犬をあわれんだゼウスが星座にしたという。

Column
涙でぬれた名なしの星

　昔、アラビアに名なしの星がいた。ある日、仲良しのアル・アビュール（シリウス）とスハイル（カノープス→P087）に天の川を渡ろうと誘われたが、水が苦手で渡れず泣いた。涙のせいでほかの2星より光がかすんだため、「泣きぬれた瞳」という意味の「アル・ゴメイザ」の名がついた。これがこいぬ座α星（プロキオン）のことで、現在はβ星の名になっている。

天体の豆知識　*Tidbits of the star* ｜ プロキオンは、シリウスの伴星のように暗くて小さな白色矮星の伴星を従えている。

BETELGEUSE

死期が迫る赤色の超巨星

ベテルギウス

[英] ビートルジュース
BETELGEUSE

分類	恒星
関連星座	オリオン座α星
実視等級	0.5
見える季節	冬
見える方角	南
地球からの距離	約500光年

ベテルギウスの周囲は吹き出したガスが雲を作っている。

太陽の700倍～1000倍の大きさにちぢんだりふくらんだりしている。

　冬の空を代表する星座、オリオン座のα（アルファ）星。オリオンとはギリシア神話に登場する狩人で、その右肩に輝いているのがベテルギウスである。赤みがかったオレンジ色が特徴で「冬の大三角」の一角としても有名だ。

　ベテルギウスが赤い色をしているのは、表面温度が低く、太陽の半分ほどしかないことが原因だ。重くて大きな恒星は、年老いると燃えつきて温度が下がり、赤く大きくなっていく。ベテルギウスは年老いて非常に大きくふくらんだ「赤色超巨星」

である。ベテルギウスのような質量が太陽の8倍以上ある赤色超巨星は、寿命が尽きると最後に「超新星爆発」を起こして吹き飛んでしまう。ベテルギウスが爆発するのは、明日とも100万年後ともいわれている。もし超新星爆発を起こせば、地球からでも満月ほどの明るさになり、その光は数か月間、昼でも見ることができるといわれている。そして数年後には輝きを失い、肉眼では見えなくなる。間際に迫る死のふちでベテルギウスは輝いているのだ。

Column
「ベテルギウス」は誤表記から生まれた？

　狩人オリオンの肩に位置する「ベテルギウス」は「巨人のわきの下」という意味だという。アラビア語では「ヤド・アル＝ジャウザー」という名前で、「ジャウザー（巨人）の手」という意味だ。この意味をもつアラビア文字が誤表記されたことで、「Bedelguza」と読むことができたため、「ベテルギウス」と読まれるようになったという説もある。

Column
狩人オリオンの伝説

　ギリシア神話でオリオンは不運の狩人だ。神を崇めないオリオンをよく思っていなかった女神ヘラは蠍（さそり）を放ち、オリオンは蠍に刺されて死んでしまう。狩りの女神アルテミスは、オリオンの死を惜しんで星座にした。さそり座（→P115）が空に輝く夏の季節になるとオリオン座が見えなくなるのは、オリオンが蠍を避けているからだといわれている。

天体の異名
Another name　｜　ベテルギウスの色合いが源平合戦の平家の赤旗と似ているので「平家星」と呼ばれる。「源氏星」はリゲル（→P083）。

魔女を照らす青き巨星

リゲル [英] ライジェル RIGEL

分類	恒星
関連星座	オリオン座β星
実視等級	0.1
見える季節	冬
見える方角	南
地球からの距離	863光年

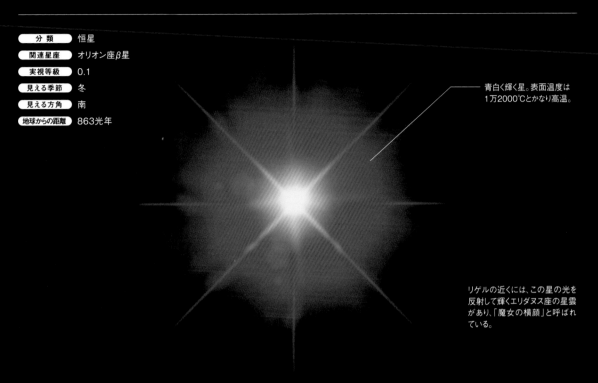

青白く輝く星。表面温度は1万2000℃とかなり高温。

リゲルの近くには、この星の光を反射して輝くエリダヌス座の星雲があり、「魔女の横顔」と呼ばれている。

　冬空に青白く輝く1等星。オリオン座のβ（ベータ）星で、特徴的な3つ星をはさんでα（アルファ）星ベテルギウス（→P081）の対角線上に位置する。二重星であり、6.8等の暗くて小さな星がそばにある。

　太陽の約70倍の大きさを誇る青色巨星で、秒速400kmもの高速で自転している。青色巨星とは、質量が大きく表面の温度が高い恒星のこと。年老いたベテルギウスと比べて若い星ではあるが、青色巨星は明るさゆえに燃料の水素の消費が激しいため、寿命は短い。リゲルの残りの寿命は1億年ほどだといわれている。

　冬の空に輝く1等星を6つつないで浮かび上がるのが「冬の大六角」だ。リゲルとシリウス（→P077）、プロキオン（→P079）、ふたご座（→P105）のポルックス、カペラ（→P085）、おうし座（→P103）のアルデバランの6つで大きな六角形を描いており、「冬のダイヤモンド」とも呼ばれる。これにふたご座のカストルを加えて七角形とする場合もある。

Column リゲルの由来と巨人の正体

　リゲルとは「巨人の左足」という意味。アラビア語名の「リジュル・アル・ジャウザー」の「リジュル」の響きが語源とされる。「巨人」の正体はギリシア神話の狩人オリオンが有名だが、メソポタミア地方バビロニアのメロデック王や地中海東岸フェニキアの強き者、北欧スカンジナビアの巨人オルワンデルなど、世界各地で巨人の姿になぞらえられてきた。

Column 白い源氏星と赤い平家星

　日本では、リゲルを「源氏星」を呼び、同じオリオン座のベテルギウスを「平家星」と呼ぶ。平安時代末期に源平合戦をした武家の源氏と平氏。源氏が使った白旗がリゲル、平家が使った赤旗がベテルギウスの色のイメージと一致することから名づけられたという。また、星座の形が和楽器の鼓に似ていることから、オリオン座は「鼓星（つづみぼし）」と呼ばれることもある。

天体の豆知識 Tidbits of the star ｜ 宮沢賢治の詩『東岩手火山』には「赤と青の大きな星」とあり、それぞれベテルギウスとリゲルを表している。

083

御者に抱かれる黄色の連星

カペラ
[英] カペラ
CAPELLA

分 類	恒星
関連星座	ぎょしゃ座α星
実視等級	0.1（明るい方の星）
見える季節	冬
見える方角	東
地球からの距離	43光年（明るい方の星）

黄味を帯びた色をしている。

連星であり、それぞれ太陽の14倍と9倍の大きさをもつ。

　冬の天の川の中に黄色く輝く、ぎょしゃ座の α（アルファ）星。1等星のなかでもっとも北にあるため、北海道より北の地域では1年中見ることができる。「冬の大六角（→P083）」を構成する星のひとつでもある。実はカペラは1個の星ではなく、2個の恒星から成り立つ連星だ。2つの星は太陽と地球ほどの距離しか離れていないため、ひとつの星のように見える。それぞれ太陽の14倍と9倍もの大きさの巨星で、互いに引き合いながら104日の周期で公転している。

　カペラとはラテン語で「メスの山羊（やぎ）」という意味だ。海外の古星図では、ぎょしゃ座は羊飼いの老人の姿で描かれている。ぎょしゃ（御者）とは、馬車を操る人のこと。老人が腕に抱いているメスの山羊の位置にあるのがカペラだ。このメスの山羊はギリシア神話の最高神ゼウスに乳を与えたという伝説もある。また、カペラが夜空に現れるころに雨の多い季節が来ることから、山羊が食べる草を豊かにしてくれるカペラは、羊飼いたちに「雨降りの山羊の星」と呼ばれていたそうだ。

Column
馬車で戦場を駆け回った王

　カペラが属する「ぎょしゃ座」の御者（馬車を操る人）は、ギリシア神話の女神アテネに育てられた王エレクトニウスの伝説に由来する。足が不自由だったエレクトニウスは、自らの体を馬にしばりつけて戦場を駆け回った勇者だ。ぎょしゃ座の星のうち、カペラが御者であり、4つの星が車、カペラ付近の小さな三角形の星たちが手綱なのだという。

Column
カペラの異名や伝説

　カペラは、古代バビロニアでは最高神マルドックの星として崇められていた。アラビア語では「おしゃれな男性」という意味の「アル＝アイユーク」と呼ばれている。また太平洋のマーシャル諸島には、母リゲダネル（カペラ）と、島を奪い合って争ったジュムール（さそり座→P115）、ジェブロ（プレアデス星団→P090）という兄弟の話が伝わっている。

天体の異名
Another name ｜ 福井県や京都の日本海沿岸の地域などでは、カペラが能登半島の方向から昇るところから、「能登星（のとぼし）」と呼ばれることもある。

南半球で輝く長寿の兆し

カノープス

[英] カノーパス
CANOPUS

分類	恒星
関連星座	りゅうこつ座α星
実視等級	−0.7
見える季節	冬
見える方角	南
地球からの距離	309光年

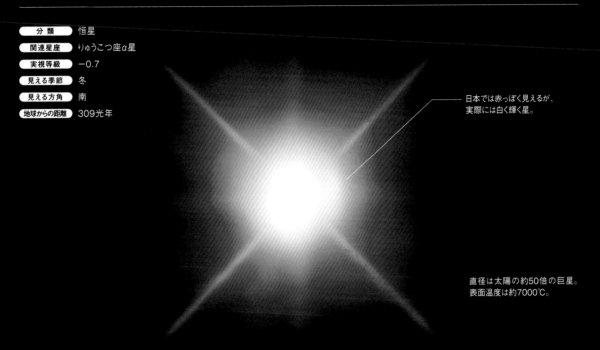

日本では赤っぽく見えるが、実際には白く輝く星。

直径は太陽の約50倍の巨星。表面温度は約7000℃。

　冬の終わりに真南の空に白く輝くのが、りゅうこつ座のα（アルファ）星カノープスだ。シリウス（→P077）に次いで全天で2番目に明るい1等星である。南半球にあるので、日本では東北より南であれば地平線の近くに見える。ただし、大気などが影響し、実際の輝きよりも暗く、赤みを帯びて見える。南半球からならば、頭上で白く強い光を放つカノープスを見ることができる。

　りゅうこつ座のりゅうこつ（竜骨）とは船の背骨となる部分を指し、元々はアルゴ船座という巨大な星座の一部だった。あまりに大きすぎたため、ほかにとも（船尾のこと）座、ほ座、らしんばん座の4つに分けられた。アルゴ船は、ギリシア神話に登場する王子イアソンが、竜が守る黄金の羊の毛皮を求める旅のために船大工アルゴスに造らせた船だ。「アルゴ」は「速い」という意味。王子の呼びかけに答え、英雄ヘルクレスやふたご座（→P105）のカストルやポルックスがともに乗りこんだ。王子は見事に黄金の羊の毛皮を手に入れたという。

Column
カノープスの由来

　カノープスという名は、トロイア戦争で活躍したギリシア艦隊の水先案内人の名前に由来する。エジプト滞在中に亡くなった彼の功績を讃えて、彼を埋葬したアレクサンドリアの近くの港にカノープスという名の町がつくられたそうだ。また、古代エジプトでは、この星は水の神として崇められていた。遊牧民から「美しい」という意味の「アル・スハイル」と呼ばれていたという。

Column
長寿になれる瑞星

　日本や中国では「南極老人星」と呼ばれている。北半球では見えづらい位置にあるため、もし見ることができれば非常にめでたく、健康で長寿になれると信じられてきたからだ。中国では、カノープスは七福神の寿老人の化身だとする伝説がある。日本にも昔から「老人星は瑞星（ずいせい）なり。現れればすなわち治平にして寿をつかさどる」という言葉がある。

天体の異名 ｜ 「カノープスが見えると海が荒れる」という言い伝えがある千葉県房総半島の布良（めら）地方では、布良星と呼ばれている

Huge celestial body
大きな天体たち

宇宙には、想像もつかないほど巨大な天体が存在する。星が出すガスが光る星雲や、星々が集まって輝く星団、そして無数の星たちが集う広大な銀河…。夜空を鮮やかに彩る、美しく魅力的な大きな天体を紹介する。

天に咲く大輪の薔薇

ばら星雲
[英] ロゼット ネビュラ
ROSETTE NEBULA

　　ばら星雲は、いっかくじゅう座の顔のあたりにある冬天に淡く光る星雲。星雲とは、星と星の間の空間に漂う星間物質（ガスやちり）が濃い部分のことを指す。広がるガスやちりが、あたかも大輪の薔薇の花が宇宙に咲いているように見えることから名づけられた。

　　ばら星雲は、約400万年前に誕生したという中央の「散開星団」の周りに、「散光星雲」という赤い星雲が大きく広がった形で構成されている。

　　散開星団とは、数多くの恒星が10光年ほどの間に不規則に集まっている星々のグループのこと。

　　散光星雲とは、数ある星雲の種類のひとつで、近くの恒星の光の影響で、明るく輝いて見える星雲のこと。ばら星雲は、散光星雲のなかでも、恒星の紫外線で温められて輝くタイプ（輝線星雲）。このタイプの星雲は、新たな星を形成する「HII（エイチツー）領域」に多く、今この瞬間にもたくさんの星々が誕生しているという。

メシエ番号	—
NGC	2237-38-44-46
種 類	散光星雲と散開星団
星 座	いっかくじゅう座
地球からの距離	4600光年

✎ ⚹ Column ⚹
星の卵と星の赤ちゃん

　星は、星の卵から生まれる。星の卵とは、宇宙を漂うガスやちりが冷えて集まってできた星の雲（星間分子雲）のこと。観測すると暗く見えるため「暗黒星雲」とも呼ばれ、雲が濃く集まった部分から、星の赤ちゃん（原始星）が生まれる。ばら星雲の一部には、この暗黒星雲も広がっていて、700個以上もの形成途中の星の赤ちゃんが見つかっている。

✎ ⚹ Column ⚹
さまざまな星雲

　散光星雲、暗黒星雲だけでなく、ほかにも形や色の異なる星雲の種類がいくつかある。たとえば赤色巨星が死ぬ時に生まれる「惑星状星雲」（こと座のリング星雲など）、重い星が死んで爆発後に生まれた「超新星残骸」（かに星雲や、網状星雲など）、散光星雲の一種で、星に照らされて輝く「反射星雲」（プレアデス星団の周囲に見える）などがある。

天体の豆知識
Tidbits of the star 　原始星を多くもつばら星雲のような星雲は、ほかにオリオン大星雲が有名。多くの星々が生まれる領域は「星のゆりかご」とも呼ばれる。

おうし座にある六つ星、和名は「すばる」

プレアデス星団 [英] プライアディズ
PLEIADES

　プレアデス星団は、おうし座の牡牛の肩先に見える散開星団M45。北半球では1〜2月頃に夜空を仰ぐと、肉眼で6〜7個の小さな星の群れが目に止まる。古代からよく知られた星団で、プレアデスとは「航海する」という意味。その昔プレアデス星団の出現が地中海の航海シーズンの始まりを意味したため、この名がついた。地球からは約400光年の距離にあり、7500万年〜1億5000万年前に生まれたとされる。地球から見えるもっとも明るい星団のひとつ。

　和名は「すばる(昴)」という。「すばる」の語源は「集まってひとつになる」という意味をもつ「統ばる」とされ、多くの星が集まって輝く様子を表し、糸でつないだ玉飾りのように見えることから名づけられた。平安時代には、清少納言が随筆『枕草子』にて「星はすばる」と記して、その美しさを讃えている。ほかにも西行法師が前大納言為家との連歌で「ふかき海にかがまるえびのあるからに ひろき空にもすばる星かな」と歌うなど、すばるは古くから人々に愛されている。

メシエ番号	M45
NGC	―
種類	散開星団
星座	おうし座
地球からの距離	410光年

Episode
美しき7人姉妹

　ギリシア神話におけるプレアデスは天を支える巨人アトラスとプレイオネの間に生まれた美しい7人姉妹。ハンターのオリオンは姉妹たちに一目惚れし、追いかけ始めた。主神ゼウスは姉妹たちを守るために鳩に変えたので、彼女たちは空へ飛んで星になった。ところが、オリオンもすぐ近くで星座となったため、プレアデス星団はオリオン座に追われるように動いているといわれている。

Column
海に住んでいるすばる星

　実はすばるは、日本の昔話「浦島太郎」の元になったとされる浦嶋子（うらしまこ）の伝説にも登場している。浦嶋子が美しい亀比売（かめひめ）に連れられて海の中の竜宮城に向かうと、そこで「すばる星」という7人の童子と、「畢星（あめふりぼし）」という8人の童子に会った。すばるはプレアデス星団、畢星はヒアデス星団（→P103）を表している。

天体の異名
Another name
六連星（むつらぼし）、六神（むつがみ）、六連珠（ろくれんじゅ）、六地蔵（ろくじぞう）、羽子板星（はごいたぼし）、苞星（つとぼし）、群れ星、ゴチャゴチャ星、鈴なり星、草星（くさぼし）、一升星（いっしょうぼし）など。

Column
天の川と天の川銀河

　天の川銀河の由来でもある夏の夜空に横たわる天の川は、実は天の川銀河を内側から見ている姿。太陽系は天の川銀河の端（中心から約3万光年離れた場所）にあるので、端から中心側を眺めると、星々が広い帯のように横たわって見えるのだ。天の川銀河をどら焼きに例えるとわかりやすく、半分に切ったどら焼きの切り口を正面から見た姿が、夏の天の川である。

Column
星の集団を見つけた天文学者

　天の川銀河が円盤型であると突き止めたのは、約200年前の天文学者ウィリアム・ハーシェル。ドイツの音楽家だったが、イギリスで活動するうちに天文学に興味をもちはじめ、自作の望遠鏡で夜空に見える星の数と明るさを全て数えたという。その結果、ハーシェルは星が集団をつくっていることを発見。この発見が、天の川銀河をはじめさまざまな銀河の発見につながった。

天体の豆知識
Tidbits of the star ｜ 天の川が太くなる部分（いて座の方向）に、天の川銀河の中心がある。年老いた星が多く、ほかの星に比べて天の川の星が黄色く見える。

太陽系を抱く雄大な銀河

天の川銀河

英 ミルキーウェイ ギャラクスィ
MILKY WAY GALAXY

　宇宙には「銀河」と呼ばれる恒星の大集団がたくさんある。地球がある太陽系も、銀河の中の一部。我々が住む銀河のことを「天の川銀河(または銀河系)」と呼び、太陽を含め約1000億個もの恒星があるという。

　天の川銀河は、巨大な渦巻き模様をしている「棒渦巻銀河」という種類の銀河。その大きさは直径約10万光年で、中心部が厚い円盤のような形をしている。多くの星が集まる銀河の中心の周りを、星やガスが回っている。太陽系も秒速220kmの速さで移動し、約2億年かけて天の川銀河を一周する。

　天の川銀河の中央部には、年老いた星々でできた直径約2万光年の大きさのふくらみ(バルジ)がある。さらにそのバルジの最奥、天の川銀河の中心には、とてつもなく重く大きい「超巨大ブラックホール」が潜んでいる。天の川銀河は中心部のブラックホールと星々及び、それらを取り囲む暗黒物質などの重力に引きつけられるので、太陽系を含む星々は銀河の外へ飛び出さずに回っていられるのだ。

メシエ番号	－
NGC	－
種類	渦巻銀河
関連星座	－
地球からの距離	－

構造
Structure

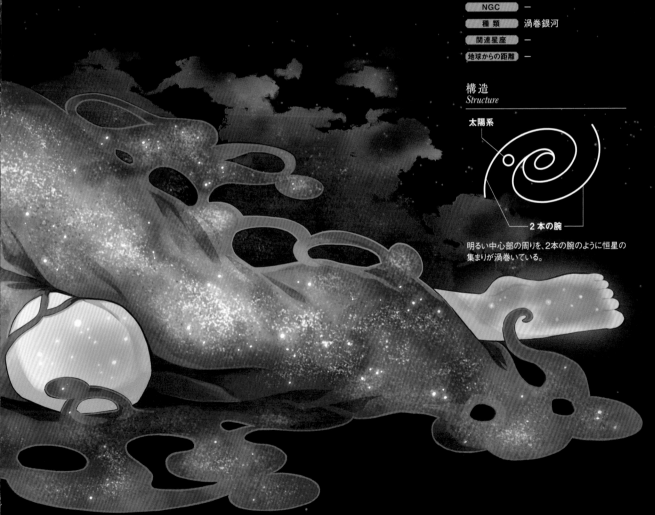

太陽系

2本の腕

明るい中心部の周りを、2本の腕のように恒星の集まりが渦巻いている。

天の川銀河の兄弟銀河

アンドロメダ銀河

英 アンドロメダ ギャラクスィ
ANDROMEDA GALAXY

　秋の夜空に見えるアンドロメダ銀河（M31）は、我々がいる天の川銀河のとなり（230万光年離れた場所）にある、もっとも有名な銀河だ。天の川銀河にそっくりなので兄弟銀河として親しまれている。約1兆個もの星を含み、直径は約26万光年と、天の川銀河よりも2.6倍ほど大きい。

　銀河の構造は天の川銀河と似ていて「棒渦巻銀河」と呼ばれる種類の銀河だが、アンドロメダ銀河の中心には核が2つあることが特徴だ。そのうちひとつは「超巨大ブラックホール」

で、太陽の1〜2億倍もの質量をもつとされる。もうひとつはそのブラックホールの周囲を回る、数多の星の集団だと考えられている。

　現在、アンドロメダ銀河は、ほかの小さな銀河（伴銀河と呼ばれる）をともない、秒速300kmのスピードで天の川銀河に近づいている。そのためおよそ30〜40億年後には、アンドロメダ銀河と天の川銀河は衝突してひとつになり、巨大な楕円銀河が生まれるかもしれない。

メシエ番号	M31
NGC	224
種 類	渦巻銀河
星 座	アンドロメダ座
地球からの距離	約250万光年

Column

夜空に浮かぶ「小さな雲」

　アンドロメダ銀河は肉眼で見えるため、古くから注目された。10世紀のアラビアの天文学者は「月のない夜に小さな雲が見つかる」と記録している。朦朧とした淡い光芒は、その後も天文学者の間で議論の的となり、19世紀に銀河の宇宙観が確立するまで「無限の宇宙からくる光」「天球の薄い部分で、地球へ漏れ出た神の世界からの光」などという主張もあった。

Column

「局部銀河群」に属する

　アンドロメダ銀河と天の川銀河は「局部銀河群」と呼ばれる銀河群に属している。銀河を宇宙の町や村に例えると、局部銀河群は県にあたるグループ。大きさは600万光年ほどもあり、南半球で見える大マゼラン銀河、小マゼラン銀河も含む、およそ50個もの銀河がある。局部銀河群のなかで最大の銀河がアンドロメダ銀河、2番目が天の川銀河である。

天体の豆知識
Tidbits of the star
　この銀河は星座のアンドロメダ座に位置する。悲劇のアンドロメダ姫の物語は、彼女の母である王妃カシオペヤ（→P129）の物語を参照。

Column

もし人がブラックホールに落ちたら？

　もし人がブラックホールに落ちると、その重力により体は麺のように細く長く引き伸ばされ、中心近くまで落ちると体がちぎれてバラバラになるという。一方、もしその様子を外から見た場合、落ちていく人は徐々に赤くなっていき、中心付近で時が止まっているように見えるという。ブラックホールでは強い重力の影響で空間と時間が歪むため、不思議なことが起こる。

Column

銀河の中心のブラックホール

　ブラックホールには、重い星が死んでできる「恒星質量ブラックホール」だけでなく、もっと巨大なブラックホールがある。それが、多くの銀河の中心にある「超巨大ブラックホール」だ。その大きさは、恒星質量ブラックホールの数百万倍から数百億倍のものまであるという。この銀河の中心の超巨大ブラックホールがどのように生まれたのかは、まだわかっていない。

天体の豆知識
Tidbits of the star 　天の川銀河（→P092）の中心には、「いて座Ａスター」という天体がある。この天体の正体が超巨大ブラックホールだといわれている。

全てを引き寄せる漆黒の天体

ブラックホール

英 ブラックホール
BLACK HOLE

近づいたら二度と抜け出せない天体がある。とてつもない重力をもつブラックホールだ。「黒い穴」という意味だが、実際には穴ではなく天体。宇宙最速の「光」さえも抜け出せず、その強い重力で周囲のものを引きつける。

ブラックホールは、星の一生の成れの果てである。太陽の約25倍もの重い星が寿命を迎えると、死ぬ間際に大爆発（超新星爆発）を起こす。爆発後の星の中心部には、中性子という小さくて重く硬い芯が残り、これが「中性子星」という天体に

なる。だが重すぎる星は自重に耐えきれず、限りなく潰されていく。その結果、密度が極めて高く、強大な重力が支配するブラックホールへと変わるという。

ブラックホールは約100年前にその存在が予言されたが、光の出てこられないブラックホールを実際に観測することは難しいとされていた。だが2019年4月、日本の国立天文台も参加する国際観測プロジェクトが、ブラックホールの影の撮影に成功。人類は初めて、ブラックホールを目で確認できた。

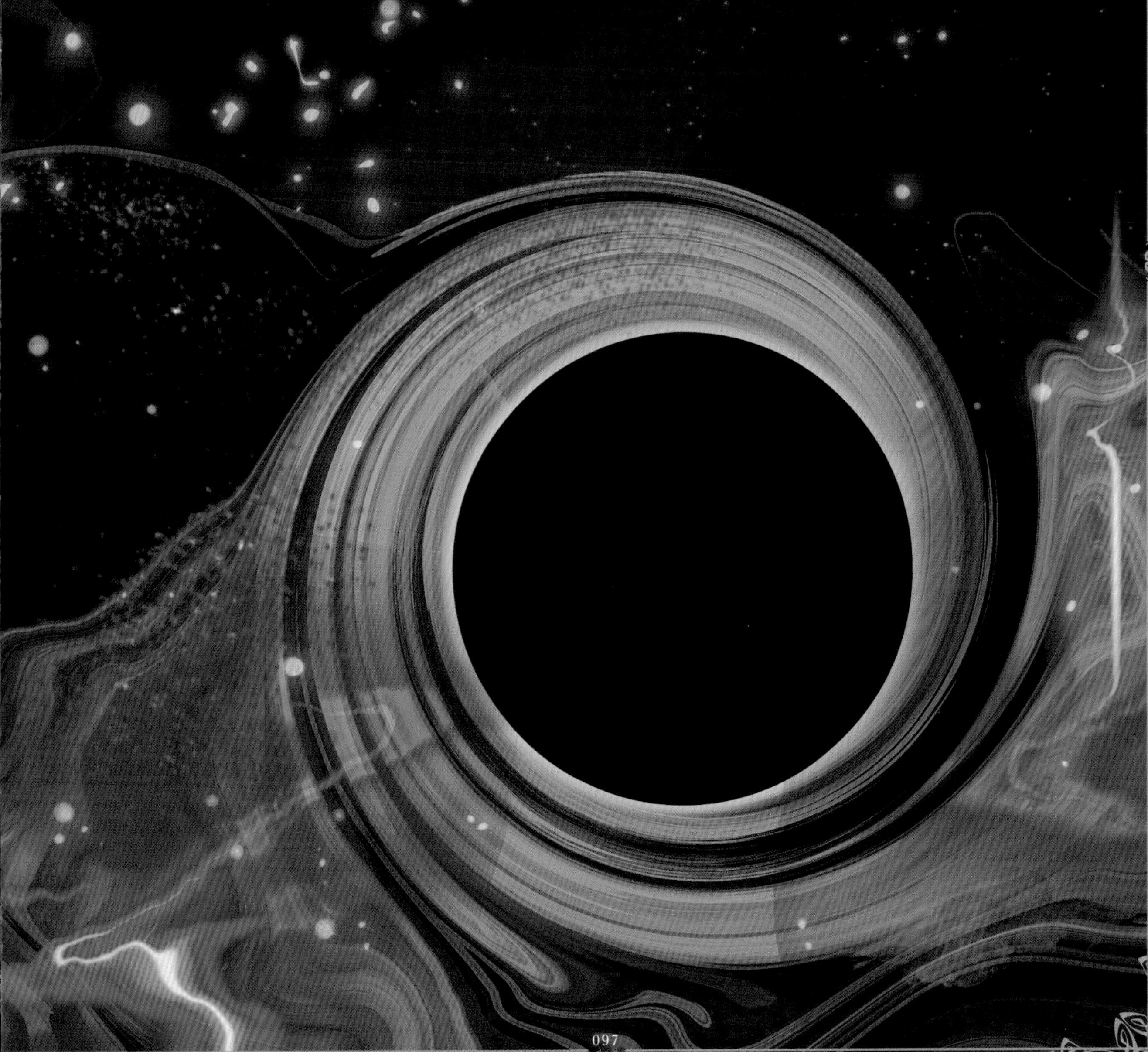

心に響く宙の表現

日本や外国で使われてきた、天体や宇宙にまつわる美しい言葉たちを紹介する。

◆ **天地（あめつち）**
天と地。全世界、宇宙のこと。

◆ **金烏玉兎（きんうぎょくと）**
「金烏」は太陽、「玉兎」は月の別名。太陽には3本足の烏（からす）が住み、月には兎が住むという伝説に基づく。烏兎（うと）ともいう。

◆ **日月星宿（にちがつしょうしゅく）**
太陽、月、星、星座をまとめていう言葉。

◆ **綺羅星・煌星（きらぼし）**
きらきらと輝く無数の星のこと。「綺羅、星の如し」という言葉からできた。

◆ **天満つ星（あまみつほし）**
夜空いっぱいに満ちている星のこと。

◆ **星月夜（ほしづきよ・ほしづくよ）**
星が月のように明るく輝いて見える夜のこと。星夜（せいや）ともいう。

◆ **星屑（ほしくず）**
空に散らばる無数の小さな星々のこと。

◆ **星影（ほしかげ）**
星明かり、星の光のこと。

◆ **夜天光（やてんこう）**
星明りのこと。月のない晴れた夜空からの自然光。

◆ **星飛ぶ（ほしとぶ）**
流れ星のこと。秋の季語。

◆ **星の嫁入り（ほしのよめいり）**
流れ星のこと。

◆ **水無川（みなしがわ）**
実際には水が流れていないことからつけられた、天の川の別名。

◆ **天の印（あめのおしで）**
月または天の川の別名。天に押した印という意味。

◆ **天満つ月（あまみつつき）**
満月のこと。

◆ **月天心（つきてんしん）**
頭の真上を通過する冬の満月のこと。まるで天の中心を通っているように見えることから。

◆ **月華（げっか）**
月の光のこと。

◆ **朧月夜（おぼろづきよ）**
朧月が出ている夜のこと。朧月とは、霧や靄（もや）で、ほのかにかすんでぼんやりと見える春の夜の月。

◆ **星星（シンシン）**
中国語で「星」という意味。

◆ **コスモス／Cosmos**
英語で「宇宙」という意味。ギリシア語の「秩序（コスモス／Kosmos）」を語源とする。

◆ **スターダスト／Stardust**
英語で「星屑」という意味。

◆ **エトワール／Étoile**
フランス語で「星」という意味。

◆ **ステラ／Stella**
イタリア語で「星」という意味。

◆ **シュテルン／Stern**
ドイツ語で「星」という意味。

◆ **アスタリスク／asterisk**
注釈などを表す記号「＊」のこと。星印ともいう。ギリシア語の「小さな星」が由来。

◆ **メテオ／Meteor**
英語で「流れ星」という意味。「流星群」は「メテオシャワー／Meteor shower」、「隕石」は「メテオライト／Meteorite」という。

◆ **ルシファー／Lucifer**
堕天使の名前として知られるが、元はラテン語で「光をもたらすもの」「明けの明星」という意味。

◆ **スターゲイザー／Stargazer**
「星を見つめる人」という意味。天文学者や天体観測者、占星術師などのことを指す。

◆ **ゾディアック／Zodiac**
黄道をはさんで南北に8度ずつの幅の帯のことで、太陽や惑星はこの中を移動する。この帯にある黄道十二宮（→P150）のことでもあり、12星座に動物の名の星座が多いことから獣帯とも呼ばれる。

◆ **ホロスコープ／Horoscope**
西洋で生まれた占星術のこと。生まれた月日によって分けられた12の星座で占う。また、占いに用いられる十二宮図のことも指す。

Chapter 3

星 座

The Constellation

星座は、大昔の人々が星と星をつないで夜空に描き出した美しい絵物語。
ここでは北天から見える星々を中心とした18の星座たちを紹介する。

おひつじ座

【英】アリエス *ARIES*

♈

【独】ヴィッダー *Widder* ／【仏】ベリエ *Bélier* ／【伊】アリエーテ *Ariete* ／【西】アリエス *Aries* ／【露】アヴェーン *Овен* ／【羅】アリエース *Aries* ／
【希】クリーオス *Κριός* ／【韓】ヤンジャリ 양자리 ／【中】バイヤンズオ 白羊座 ／【亜】ブルジュルハマル برج الحمل

学 名	Aries
概略位置	赤経2h30m、赤緯＋20°
20 時に正中	12月下旬
主な恒星	α星ハマル、β星シェラタン

α星ハマル

β星シェラタン

γ星メサルティム

イメージ図
Illustration

　空を飛ぶ金毛の牡羊の姿を表しているおひつじ座。12月下旬の夜8時頃に頭上にくる星座で、「へ」の字を裏返しにしたように並んでいる3つの星が、空を飛ぶ金毛の牡羊の頭の部分にあたる。3つの星はそれぞれα（アルファ）星ハマル、β（ベータ）星シェラタン、γ（ガンマ）星メサルティム。目を引くのはこの3星だが、案外広い星座で、胴体を表す星は東隣りのおうし座のプレアデス星団の近くまで延びている。α星ハマルは「一人前に成長した羊の頭」、β星シェラタンは「印・合図」という意味。γ星のメサルティムは「肥（ふと）った羊」という意味で、約4.8等星のほぼ同じ明るさのペアの二重星だ。

　約2000年前の古代ギリシアの時代には、春分点（→P152）がこの星座にあり、黄道第一番目の星座としてもっとも重要視されていた。現在、春分点は西へ移動してうお座（→P123）の西部にある（→黄道十二宮と黄道十二星座はP150を参照）が、占星術では当時のままおひつじ座を原点としており、3月21日〜4月20日生まれの誕生星座となっている。

✦ *Episode* ⋯⋯⋯⋯⋯⋯⋯⋯⋯⋯⋯⋯⋯⋯⋯⋯⋯⋯
王子王女を助けた空飛ぶ牡羊

　ギリシア神話では、継母から憎まれていたテッサリアの国の王子プリクソスと王女ヘレーを背中に乗せ、コルキスの国へ逃したという金毛の牡羊。途中、妹のヘレーは海に落ちて死んでしまうが、プリクソス王子は無事に運ばれ、国王に迎えられた。その後、黄金の牡羊の毛皮を巡って、プリクソスの孫イアソン王子がアルゴ船で大冒険を企てることになる（→P087）。

✒ *Column* ⋯⋯⋯⋯⋯⋯⋯⋯⋯⋯⋯⋯⋯⋯⋯⋯⋯⋯
二十八宿の婁宿とたたら星

　おひつじ座は目立つ星座ではないが、時折、明るい惑星が側に来て人目を引くことがある。そのため、中国では牡羊の頭の3星を「引き寄せる」という意味の「婁宿（ろうしゅく）」と呼んだ。一方、江戸時代の日本では、裏返しの「へ」の形を、たたら製鉄（日本の伝統的な製鉄法）の時に足で踏んで風を送るフイゴの形に見立てたことから「たたら星」と呼んだ。

天体の豆知識 ｜ β星が「印・合図」と呼ばれた理由は、約2000年前、隣りのγ星とともに、当時の年始めの印である「春分点」の目印とされていたから。

ゼウスが変身した白き牡牛

おうし座

英 タウラス
TAURUS

シンボル
Symbol
♉

独 シュティーア *Stier* ／ 仏 トロー *Taureau* ／ 伊 トーロ *Toro* ／ 西 タウロ *Tauro* ／ 露 チリェーツ *Телец* ／ 羅 タウルス *Taurus* ／
希 タウロス *Ταύρος* ／ 韓 ファンソジャリ 황소자리 ／ 田 ジンニウズオ 金牛座 ／ 亜 ブルジュッサウル برج الثور

学名	Taurus
概略位置	赤経4h30m、赤緯＋18°
20時に正中	1月下旬
主な恒星	α星アルデバラン、β星エルナト

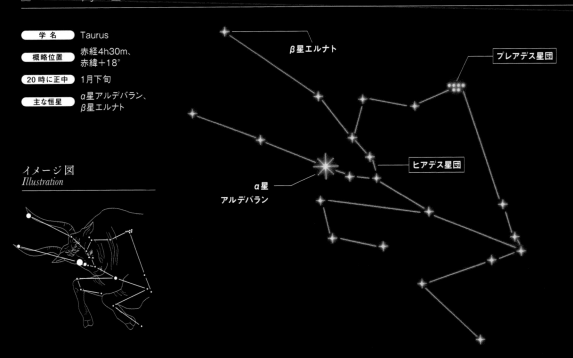

β星エルナト

プレアデス星団

ヒアデス星団

α星
アルデバラン

イメージ図
Illustration

　牡牛の顔を形づくるV字に並んだ星々が特徴のおうし座。冬の代表星座のひとつで、1月下旬の夜8時頃に頭上に見える。黄道第2番目の星座として古くから知られていて、4月21日～5月21日生まれの人の誕生星座だ。
　となりに位置するオリオン座（→P081・083）に挑んでいるように見える姿だが、この牡牛はギリシア神話の主神ゼウスがエウロパ姫（→P035）をさらった時に変身した白牛を表しているため、狩人オリオンと戦っているわけではない。

　おうし座の目の部分には赤い1等星アルデバランがあり、顔にはヒアデス星団、肩先には蛍の群れのように輝くプレアデス星団（→P090）という2つの散開星団を含むので、とても見つけやすい星座だ。角の先には超新星爆発の残骸であるかに星雲M1がある。小望遠鏡で眺められる、注目したい天体のひとつだ。かに星雲は、1054年に重い星が一生を終えて大爆発を起こした星の残骸。四方に飛び散る様子がかにの足のように見えることから、その名がつけられた。

 Episode
雨降りヒアデス

　ヒアデス星団のヒアデスの名は「雨を降らせる女」という意味をもつ。日本でも「雨降り星」と呼ばれ、古くから雨に関連のある星とされた。ギリシアでは、ヒアデス星団と太陽が同時にのぼる頃に雨季になるため「雨降りヒアデス」と呼ばれ、兄を亡くしたヒアデス姉妹の泣きの涙だと伝えられている。中国にも「月がヒアデス星団にかかると雨が降る」という詩句が伝わる。

 *Column*
すばるのあとに続くアルデバラン

　おうし座の1等星のα（アルファ）星アルデバランは、アラビア語のアル・ダバランが由来。「のちに続くもの」という意味で、プレアデス星団よりも少し遅れてのぼってくることから名づけられた。東北地方でも「すばるの後星（あとぼし）」と呼ばれている。牡牛の目で光っていることから英語では「ブルズアイ（牛の目）」という異名もある。

天体の異名
Another name　ヒアデス星団のV字の形は、日本で「つりがね星」「つと星」「扇子（せんす）星」「馬の面（つら）星」などと呼ばれた。

ふたご座
[英] ジェミニ
GEMINI

II

[独] ツヴィリング Zwillinge ／ [仏] ジェモー Gémeaux ／ [伊] ジェメッリ Gemelli ／ [西] ヘミニス Géminis ／ [露] ブリズニツィー Близнецы ／
[羅] ゲミニー Gemini ／ [希] ディディモイ Δίδυμοι ／ [韓] サンドンイジャリ 쌍둥이자리 ／ [中] シュアンズズオ 双子座 ／ [亜] ブルジュルジャウザー‎ برج الجوزاء

学 名	Gemini
概略位置	赤経7h、赤緯＋22°
20時に正中	3月上旬
主な恒星	α星カストル、β星ポルックス

α星カストル

イメージ図
Illustration

β星ポルックス

NGC2392 の位置

　仲良しの双子の兄弟が寄り添う姿を表すふたご座。黄道第3番目の星座として知られ、5月22日～6月21日生まれの誕生星座となっている。真冬の宵、頭上に並んで輝く明るい星が、ふたごの兄弟星カストルとポルックスだ。3月初旬の夜8時頃になると、頭の真上に見える。

　カストルは白っぽい2等星で、日本では「銀星（ぎんぼし）」とも呼ばれる。小望遠鏡で見ると2つの星が見える。この2つの星は、511年周期で巡り合う連星（引力で引き合い、共通の重心の周囲を公転運動している星）だが、実際には全部で6つの星が巡り合う六重連星となっている。ポルックスはオレンジっぽい1等星。表面温度は太陽より少し低めの4400℃で、日本では「金星（きんぼし）」と呼ばれる。

　そのほかにも、ポルックスの近くには、毛皮のフードを被った人の姿に見えることからイヌイット星雲NGC2392と呼ばれる惑星状星雲があり、カストルの足元には、双眼鏡でも見える明るい散開星団M35を眺めることができる。

⭐ Episode
友愛の印として星空に

　ギリシア神話では、スパルタ国の王妃レダから生まれた双子とされる。主神ゼウスの血を受けた弟ポルックスは不死身でボクシングの名手、兄カストルは生身の人間で乗馬の達人だった。だが、従兄弟にカストルが殺される。ポルックスは仇を討ったが不死身のため死ねず、ゼウスに兄の元へ行かせてと願った。ゼウスは願いを叶え、2人の友愛の印として星座にした。

🪶 Column
セント・エルモの火

　嵐が近づくと、雷雲の影響で帆船のマストの先に青白い光が見えることがあり「セント・エルモの火」と呼ばれている。セント・エルモとは船乗りの守護聖人の名。古代、中世の地中海の船乗りたちは、嵐の夜にこの光が出るとカストルとポルックスの名を呼んだという。すると嵐は収まり、海が静かになったため、地中海地方ではふたご座は航海の守り神と崇められていた。

天体の異名
Another name

カストルとポルックスの2つの星は動物の目に見立てられ、蟹の目、犬の目、猫の目、メガネ星、睨み星などの呼び名もある。
曽我兄弟の五郎・十郎に例えられたり、門星（もんぼし）、餅食い星などの名もある。

かに座
[英] キャンサー
CANCER

[独] クレープス Krebs ／ [仏] キャンサール Cancer ／ [伊] カンクロ Cancro ／ [西] カンセル Cáncer ／ [露] ラーク Pax ／ [羅] カンケル Cancer ／
[希] カルキノス Καρκίνος ／ [韓] ケジャリ 게자리 ／ [中] ジュウシエズオ 巨蟹座 ／ [亜] ブルジュルサラターン برج السرطان

学名	Cancer
概略位置	赤経8h30m、赤緯＋20°
20時に正中	3月下旬
主な恒星	α星アクベンス、β星タルフ

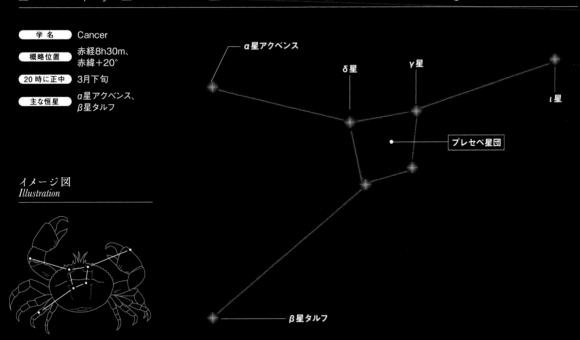

α星アクベンス
δ星
γ星
ι星
プレセペ星団

イメージ図
Illustration

β星タルフ

　化け物のような巨大な蟹の姿を表すかに座。ふたご座（→P105）としし座（→P109）の間にあり、3月から4月にかけて春の宵に頭上に高くのぼる。黄道第4番目の星座として古くから知られ、6月22日〜7月23日生まれの人の誕生星座だ。

　明るい星はないが、かに座の大きな特徴といえば、甲羅の部分に輝く淡い光の塊。この星の群れは散開星団プレセペM44といい、約100個の星々が515光年先で輝いている。プレセペの意味は「飼い葉桶」。プレセペ星団のそばにあるγ（ガンマ）星、δ（デルタ）星はそれぞれ「北のロバ」「南のロバ」と呼ばれ、この2匹のロバが、銀の飼い葉桶の中から葉を食べる姿に見立てられていた。ほかにも、蜂の群れに見えることから、イギリスでは「ビーハイブ（ミツバチの巣）」とも呼ばれている。

　また、かに座のハサミ部分には、黄色い4等星のι（イオタ）星が輝いている。この星は二重星（→P153）で、望遠鏡で覗いてみると、青みがかった6等星をとなりに連れ添っていることがわかる。

Episode
踏み潰されたおばけ蟹

　ギリシア神話によると、英雄ヘルクレスが怪物ヒドラ退治に出かけた際、おばけ蟹がヒドラの味方をしてヘルクレスの足を挟もうとする。しかし、ヘルクレスにあっさり踏み潰されてしまう。だが、ヘルクレスを嫌っていた女神ヘラがおばけ蟹をねぎらい、星座にしたという。おばけ蟹は実はヘラが飼っていた蟹で、ヒドラを加勢するために送り込んだという説もある。

Column
屍体から立ち上る妖気を出す星

　中国ではプレセペ星団を「積尸気（せきしき）」という。ぼうっと青白く光る星団を鬼火に見立てた呼び名で、かに座のことを「死人が地上に残した霊」という意味の「鬼宿（きしゅく）」と呼んだ。鬼とは、死者の精霊のこと。肉眼だとぼんやり見えることから、積み重ねられた屍体から立ち上る妖気のようだと気味悪がられ、中国でもっとも縁起の悪い星座とされた。

天体の豆知識 ｜ かに座はギリシア神話ではおばけ蟹の姿だが、古代エジプトでは神聖視されていたスカラベ、チベットではカエルに見立てられた。

しし座 ^英レオ *LEO*

♌

独 レーヴェ *Löwe* ／ 仏 リオン *Lion* ／ 伊 レオーネ *Leone* ／ 西 レオ *Leo* ／ 露 リェーヴ *Лев* ／ 羅 レオー *Leo* ／ 希 レオーン *Λέων* ／

韓 サジャジャリ 사자자리 ／ 中 シーズズオ 獅子座 ／ 亜 ブルジュルアサド برج الأسد

学 名	Leo
概略位置	赤経10h30m、赤緯＋15°
20時に正中	4月下旬
主な恒星	α星レグルス、β星デネボラ

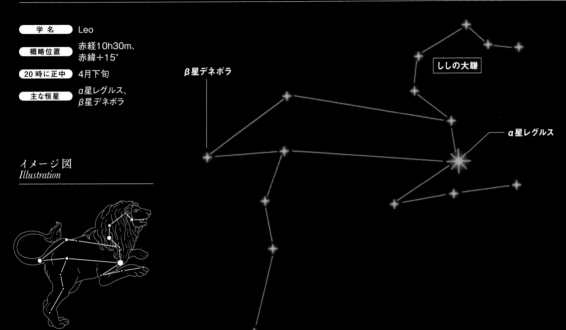

β星デネボラ

ししの大鎌

α星レグルス

イメージ図
Illustration

　春になると、東の空から駆けのぼってくるしし座。7月24日〜8月23日生まれの人の誕生星座だ。しし座の獅子は、ギリシア神話の英雄ヘルクレスに退治された人食いライオンに由来する。もっとも目立つ星は、真っ白に輝くα（アルファ）星のレグルス。ラテン語の「小さい王」という意味の言葉が語源の1等星だ。レグルスの名は天文学者のコペルニクスによって名づけられた。ライオンの尻尾の部分には、そのまま「尾」という意味のβ（ベータ）星「デネボラ」がある。デネボラはう

しかい座のアルクトゥルス（→P059）、おとめ座（→P111）と「春の大三角」をつくる星だ。
　レグルスを含むライオンの頭部の6個の星をつなぐと「？」を裏返したような形になる。これが草刈り鎌に見えることから、「ししの大鎌」と呼ぶ。しし座は、11月中旬頃に見られる「しし座流星群」でも有名だ。11月に毎年出現するが、およそ33年に一度のタイミングで、特に大量の流れ星を観測することができる。

Episode ─── ヘルクレスのライオン退治

　ギリシア神話で、英雄ヘルクレスに意地悪な王が試練として退治するよう命じたのが、沼地に住む人食いライオンだ。ライオンは、弓矢でも刀でも傷つくことがない不死身の肉体をもっていた。そこでヘルクレスは武器を捨てて立ち向かい、首をしめつけて倒した。ライオンを倒して帰還したヘルクレスをおそれた王は、おびえてつぼの中に隠れてしまったという。

Column ─── 竜の背にのって天に召された黄帝

　中国では、しし座の一部に竜の姿を見出し、この星座を「軒轅（けんえん）」と呼ぶ。軒轅とは、古代中国の黄帝という君主の名前だ。あるとき、年老いた軒轅のところに天から竜が降りてきた。軒轅は、竜を天帝の使いだと思い、「天に召されようとしている」と喜ぶ。臣下たちも軒轅のお供をするといい、一緒に竜の背に乗って天に召されたという。

天体の異名 *Another name*	日本では「ししの大鎌」を雨樋（あまどい）の金具に例えて「樋かけ星」と呼ぶ。糸繰車（いとぐりぐるま）に見立てて「糸かけ星」と記した江戸時代の書物もある。

おとめ座
[英] ヴァーゴウ
VIRGO

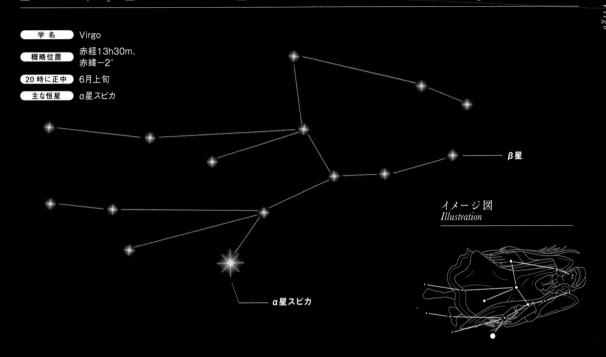

[独] ユングフラオ Jungfrau ／ [仏] ヴィエルジ Vierge ／ [伊] ヴェルジネ Vergine ／ [西] ビルゴ Virgo ／ [露] デェーヴァ Дева ／ [羅] ウィルゴー Virgo ／
[希] パルテノス Παρθένος ／ [韓] チョヌジャリ 처녀자리 ／ [中] チューニューズオ 处女座 ／ [亜] ブルジュルアズラー برج العذراء

学名	Virgo
概略位置	赤経13h30m、赤緯−2°
20時に正中	6月上旬
主な恒星	α星スピカ

イメージ図
Illustration

β星
α星スピカ

　女神の姿を表している春の星座。8月24日〜9月23日生まれの誕生星座で、現在の秋分点(→P152)がある。全天で2番目という大きさを誇るが、α（アルファ）星のスピカ以外に目立った星はなく、夜空で見つけることが難しい星座でもある。スピカは、「真珠星」と称されることもある美しい白色の1等星。「スピカ」とは「とがったもの」という意味で、古星図では羽の生えた女神が手に持つ麦の穂のあたりに輝いている。「春の大三角」や「春の大曲線」を構成する星のひとつで、近くに見えるアルクトゥルス(→P059)とは「春の夫婦星」と呼ばれるが、スピカの方が7倍も遠くにある。

　おとめ座の方向に、地球から約6000万光年の距離にあるのが、「おとめ座銀河団」だ。銀河団とは銀河の大集団のこと。おとめ座銀河団は、規模が大きいもののひとつで、3000個以上の銀河が集まっているという。銀河系（天の川銀河）が属する局部銀河群は、いずれおとめ座銀河団と合体するといわれている。

 Episode
豊穣の女神と冬の始まり

　女神の正体には、さまざまな説がある。なかでも手に麦を持っていることから、ギリシャ神話の豊穣の女神デメテルとする説が有名だ。デメテルにはペルセポネという美しい娘がいたが、無理やり冥界の王ハデスの妻にされ、1年のうち4か月は地底で過ごさねばならなくなった。娘がいない間、デメテルは悲しんで洞窟にこもるため、その期間は冬となったという。

 Episode
エジプト神話の女神イシスと天の川

　古代エジプト神話の豊穣の女神イシスを、おとめ座の女神の正体とする説もある。イシスの夫のオシリス神は、弟のセト神に殺されてしまう。セトはイシスもおそったが、抵抗したイシスは手に持っていた麦の穂を散らして逃げた。このとき麦の穂が空に舞い、天の川になったといわれている。その後、イシスはオシリスの遺体を集めて生き返らせたという。

天体の豆知識 ｜ 女神の正体は、ほかにもデメテルの娘のペルセポネや正義の女神アストライア、バビロニアの女神イシュタルとする説もある。

てんびん座
英 ライブラ
LIBRA

Ω

独 ヴァーゲ *Waage* ／ 仏 バランス *Balance* ／ 伊 ビランチャ *Bilancia* ／ 西 リブラ *Libra* ／ 露 ヴィスイー *Весы* ／ 羅 リーブラ *Libra* ／
希 ジュゴン *Ζυγόν* ／ 韓 チョンチョンジャリ 천칭자리 ／ 中 ティエンチョンズオ 天秤座 ／ 亜 ブルジュルミーザーン برج الميزان

学 名	Libra
概略位置	赤経15h10m、赤緯−14°
20時に正中	7月上旬
主な恒星	α星ズベン・エルゲヌビ、β星ズベン・エスカマリ

イメージ図
Illustration

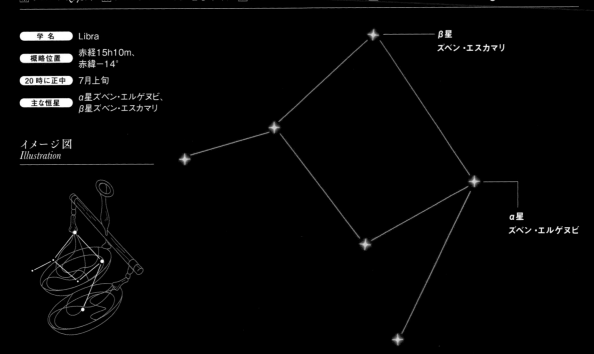

β星
ズベン・エスカマリ

α星
ズベン・エルゲヌビ

　てんびん座は、初夏の南天に浮かぶ9月24日〜10月22日生まれの人の誕生星座。目立つ星はないが、3つの3等星が「く」の字が裏返ったような形で並んでおり、ちょうど折れ目の部分にα（アルファ）星がある。東に位置するさそり座から位置をさがすことができる。

　かつては天秤ではなく、さそり座（→P115）の蠍のはさみに見立てられていたが、のちにギリシア神話の正義の女神アストライアが持っている天秤を表している星座になった。そのため、西にあるおとめ座（→P111）の女神の正体を天秤を持ったアストライアとする説もある。

　α星の「ズベン・エルゲヌビ」は「南のつめ」、β（ベータ）星の「ズベン・エスカマリ」は「北のつめ」という意味で、かつてさそり座の一部だったことの名残という。また、α星は天秤の「南の皿」を意味する「キファ・アウストラリス」、β星は天秤の「北の皿」という意味の「キファ・ボレアリス」という別名をもっている。

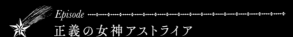

Episode ⭐ 正義の女神アストライア

　ギリシア神話に登場するアストライアは、人間の運命を決定し、善悪を裁く正義の女神だった。そのアストライアが裁きをするために使っていた道具が天秤だ。人間たちの世界では、嘘つきがはびこり、争いや暴力が絶えなかった。アストライアは人々に正義を教えようとしたが、人間たちは改心しなかった。あきらめたアストライアは、天にのぼってしまったという。

Column 🪶 てんびん座が独立した理由

　てんびん座は、紀元前1000年頃には秋分点（→P152）がある星座だった。秋分点があるということは、太陽がてんびん座の位置にあるときの昼の長さと夜の長さが等しく同じだったということ。そのため、重要な星座として、さそり座の一部から独立した星座となり、てんびん座と名づけられたのではないかという。現在の秋分点は、おとめ座に移っている。

天体の豆知識
Tidbits of the star　α星は二重星になっていて、双眼鏡で見ると接近して並んでいる大小2つの星を確認できる。

さそり座

[英] スコーピオ
SCORPIO

シンボル
Symbol

♏

[独] スコルピオーン *Skorpion* ／ [仏] スコルピオン *Scorpion* ／ [伊] スコルピョーネ *Scorpione* ／ [西] エスコルピオ *Escorpio* ／ [露] スカルピオーン *Скорпион* ／ [羅] スコルピウス *Scorpius* ／ [希] スコルピオス *Σκορπιός* ／ [韓] チョンガルジャリ 전갈자리 ／ [中] ティエンシエズオ 天蝎座 ／ [亜] ブルジュルアクラブ برج العقرب

学名	Scorpius
概略位置	赤経17h10m、赤緯−55°
20時に正中	8月上旬
主な恒星	α星アンタレス、β星アクラブ

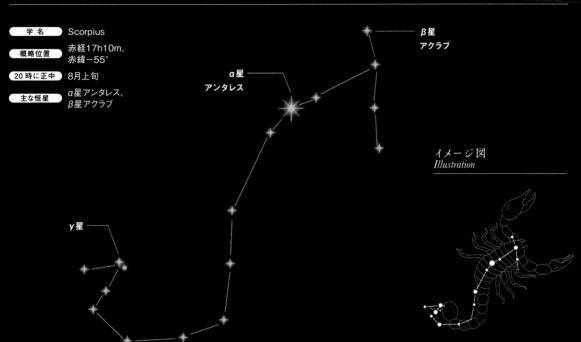

β星 アクラブ

α星 アンタレス

γ星

イメージ図
Illustration

　夏の天の川に堂々と横たわる蠍（さそり）の姿を表しているさそり座は、10月23日〜11月22日生まれの誕生星座。「S」の字のような特徴的な形をしているため、ギリシア神話では蠍だが、中国では青竜、ブラジルでは大蛇、インドネシアでは椰子の木に見立てられている。

　蠍の心臓部分に輝いているα（アルファ）星のアンタレスが目印となっている。1等星のアンタレスは、太陽よりはるかに大きい赤色超巨星で、ギリシア語で「火星に対抗するもの」という意味。アンタレスと火星がその赤さを競っていると考えられたことに由来している。アラビア語では、α星は「アル＝アクラブ（さそりの心臓）」、β（ベータ）星は「アクラブ（蠍）」、λ（ラムダ）星は「蠍の針、尾」という意味の言葉を省略した「シャウラ」と、蠍にまつわる名前がつけられている。

　さそり座の周辺には星団や星雲が豊富で、尾の近くには散開星団M6、M7がある。アンタレスの近くには散光星雲があるが、肉眼では見えない。

Episode
中国でのさそり座とオリオン座の関係

　ギリシア神話のさそり座とオリオン座の伝説（→P081）のような話が中国にもある。古代中国に参（しん）と商（しょう）という仲が悪い兄弟がいた。2人は決して顔を合わせず、参はオリオン座の星（参星）、商はさそり座の星（商星）となった。ここから不仲になり決して会わないことを意味する「人生相まみえざること参と商のごとし」という言葉が生まれた。

Episode
マウイの釣り針

　ニュージーランドのマオリ族には、さそり座にまつわる伝説が伝わっている。昔、マウイという少年が釣りに出かけた。すると、マウイは魚ではなく、なんと巨大な島を釣り上げたという。島は大暴れして、釣り糸は切れ、釣り針は飛んでいった。そして、その釣り針は天に引っかかり、星座になったという。それが、釣り針のような形をした、現在のさそり座のことである。

天体の異名
Another name

日本ではさそり座を「魚釣（うおつ）り星」、「鯛釣（たいつ）り星」、「漁星（りょうぼし）」、アンタレスは「赤星（あかぼし）」や「酒酔（さけよ）い星」と呼ばれている。

いて座

[英] サジタリウス
SAGITTARIUS

シンボル *Symbol*

[独] シュッツェ Schütze ／ [仏] サジテール Sagittaire ／ [伊] サジッターリョ Sagittario ／ [西] サヒタリオ Sagitario ／ [露] ストリリェーツ Стрелец ／
[羅] サギッターリウス Sagittarius ／ [希] トクソテース Τοξότης ／ [韓] サスジャリ 사수자리 ／ [中] シャーショウズオ 射手座 ／ [亜] ブルジュルカウス برج القوس

学 名	Sagittarius
概略位置	赤経19h、赤緯−25°
20時に正中	9月上旬
主な恒星	α星ルクバト、ε星カウス・アウストラリス

イメージ図
Illustration

南斗六星

α星ルクバト

ε星カウス・アウストラリス
いて座でもっとも明るく見える星。

β星
アルカブ・ポステリオル

　いて座は、天の川の中に浮かぶ夏の星座。11月23日〜12月22日生まれの誕生星座で、現在の冬至点（→P153）がある。柄杓（ひしゃく）のように並ぶ6つの星が目印で、上半身が人間で下半身が馬の射手（弓を射る人）の姿を表している。矢の先にあるさそり座（→P115）の心臓、アンタレスをねらっているように見える。その正体はギリシア神話の半人半馬のケンタウルス族、ケイロンだという。ケイロンは、乱暴者のケンタウルス族ではめずらしい賢者だった。ペリオン山というとこ

ろに住み、狩猟や医学、音楽などの知識をギリシア神話の英雄や神々に授けたといわれている。α（アルファ）星は「ルクバト（ひざ）」、β（ベータ）星は「アルカブ・ポステリオル（射手のアキレス腱）」など、ケイロンにちなんだ名前がつけられている。
　地球から見て天の川銀河（→P092）の中心方向にあるいて座の近くでは、球状星団M22やM55、散光星雲の干潟星雲M8、オメガ星雲M17、三裂星雲M20やなど明るくて見応えのある星団や星雲をたくさん見つけることができる。

Episode
賢者ケイロンが星になった理由

　ギリシア神話では、ケイロンは仲間のケンタウルス族と英雄ヘルクレスとの争いのなかで、毒の矢に当たってしまう。毒に苦しむケイロンだったが、不死身の肉体をもっているため死ねなかった。苦しみ続けることに耐えかねたケイロンは不死身の肉体を手放し、死を選んだという。その死を惜しんだ主神ゼウスがケイロンを天にあげ、いて座になったという。

Column
長寿の星「南斗六星」

　いて座の柄杓の部分に当たる6つの星が北斗七星に似ていることから、中国では「南斗六星」と呼ぶ。北斗は死を司る神、南斗は寿命を司る神だと信じられてきた。昔、長生きできないと言われた子どもが、2人の仙人のところへ行った。2人のうち南側にいた仙人に頼むと、寿命を延ばしてもらえたという伝説がある。この南側の仙人が南斗の神である。

天体の豆知識 ｜ いて座の柄杓部分は、西洋ではミルキー・ウェイ（天の川）のミルクをすくう「ミルク・ディッパー（牛乳のさじ）」と呼ばれている。

やぎ座
[英] カプリコーン
CAPRICORN

[独] シュタインボック Steinbock ／ [仏] カプリコルヌ Capricorne ／ [伊] カプリコルノ Capricorno ／ [西] カプリコルニオ Capricornio ／ [露] カジローク Козерог ／
[羅] カプリコルヌス Capricornus ／ [希] トラゴス Τραγος ／ [韓] ヨムソジャリ 염소자리 ／ [中] モージエズオ 摩羯座 ／ [亜] ブルジュルジャドイ برج الجدي

学 名	Capricornus
概略位置	赤経20h50m、赤緯−20°
20時に正中	9月下旬
主な恒星	α星アルゲディ、β星ダビー

イメージ図
Illustration

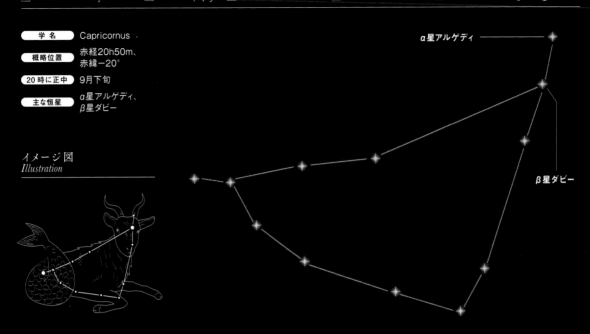

α星アルゲディ

β星ダビー

　やぎ座は、逆三角形の形が特徴的な秋の星座。12月23日〜1月20日生まれの人の誕生星座だ。上半身は山羊（やぎ）だが下半身が魚という不思議な見た目で描かれる。これはギリシア神話の牧神パンの姿と考えられている。ギリシア時代には、人々は逆三角形の星々を人間が天に昇るときの入り口と考え、「神々の門」とも呼ばれていた。シュメール語では、「山羊魚（巨大な鯉と牡山羊）」という意味の「スクール・マシュ」と呼ばれる。これは、メソポタミア神話の魔術と知恵の神エア（エンキともいう）の姿を表したものだ。

　また、かつてはやぎ座に冬至点（→P153）があった。冬至の日を超えると日が伸びていくことから、「太陽の南の門」と呼ばれ、めでたい星座とされていたという。現在、冬至点は隣のいて座（→P117）に移っている。

　目立った星は少ないが、山羊の頭の部分にあるα（アルファ）星は二重星で、寄りそう2つの星は肉眼でも確認できる。また、尾の近くには球状星団M30がある。

 Episode
牧神パンと怪物テュフォン

　ギリシア神話の牧神パンは、山羊のような姿をした獣人で、森の妖精（ニンフ）たちと暮らす神だった。あるとき、神々がナイル川のほとりで宴を開いているときに怪物テュフォンが乱入して暴れだした。あわてたパンは魚に変身して川に飛びこんだが、上半身は山羊のまま下半身だけ魚になってしまった。その姿をおもしろがった主神ゼウスが星座にしたという。

 Column
中国の怪魚「磨羯魚」

　中国では、やぎ座のことを「磨羯宮（まかつきゅう）」と呼び、星座は「磨羯魚」という怪魚の姿を表している。あるとき、船でインドに向かう商人がいた。しかし嵐のせいで船は進路を見失ってしまう。すると遠くに島が見えてきた。みんなは喜んだが、商人は「あれは島ではなく磨羯魚だ」と見抜く。磨羯魚は船を襲ってきたが、仏に祈り難を逃れたという。

天体の豆知識
Tidbits of the star ｜ 混乱することを意味する英語「パニック」は、あわてて変身に失敗した「パン」が語源だという。

みずがめ座

（英）アクエリアス
AQUARIUS

（独）ヴァッサーマン *Wassermann* ／（仏）ヴェルソー *Verseau* ／（伊）アックアーリョ *Acquario* ／（西）アクアリオ *Acuario* ／（露）ヴァダリェーイ *Водолей* ／
（羅）アクアーリウス *Aquarius* ／（希）ヒュドロコオス *Ὑδροχόος* ／（韓）ムルビョンジャリ 물병자리 ／（中）シュイビンズオ 水瓶座 ／（亜）ブルジュッダルゥ برج الدلو

学名	Aquarius
概略位置	赤経22h30m、赤緯−13°
20時に正中	10月下旬
主な恒星	α星サダルメリク、β星サダルスウド

イメージ図
Illustration

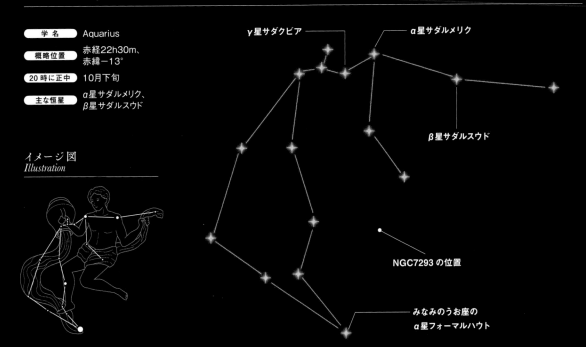

γ星サダクビア
α星サダルメリク
β星サダルスウド
NGC7293の位置
みなみのうお座の
α星フォーマルハウト

　みずがめ座は、10月下旬の秋空に浮かぶ、黄道第11番目の星座。1月21日から2月20日生まれの人の誕生星座だ。非常に大きな星座だが、3等星が2つだけで目立つ星は少ない。水瓶部分のY字に並んだ四つ星や、近くにあるペガスス座（→P131）、みなみのうお座の1等星フォーマルハウト（→P071）を目印にすると、水瓶をかついだ美少年の姿が見えてくる。みずがめ座の学名「アクアリウス」は、「水を運ぶ男」という意味だ。星座の起源は古く、古代エジプトでは水瓶を

持った男が勢いよく大きな瓶で水を汲むせいでナイル川が氾濫すると信じられていた。古代バビロニアの彫刻では、水瓶を肩にかつぎ水を注ぐ少年の姿が作られていた。ギリシア神話では、美少年の正体はトロイアという地域の王子ガニメデスだとされている。
　地球から見えるものでもっとも大きい惑星状星雲は、みずがめ座にあるNGC7293だ。渦を巻いているように見えるので、「らせん星雲」とも呼ばれる。

★ *Episode*
ゼウスにさらわれた美少年

　ギリシア神話の主神ゼウスは、下界で羊の番をして暮らしていた美少年ガニメデスを気に入っていた。ある日、神々の宴で酒を注ぐ係が不在となり、ゼウスは巨大な黒鷲に変身してガニメデスを天界へ連れ去った。ガニメデスは永遠の若さを与えられ、神々の酒を注ぐようになったという。みずがめ座の西にあるわし座は、このときにゼウスが変身した鷲の姿だという。

✒ *Column*
γ星の意味は「テントの幸運」

　みずがめ座には固有名をもつ星もある。水瓶のY字部分にあるγ（ガンマ）星「サダクビア」は、アラビア語で「テントの幸運」という意味の「サアド・アル＝アクビーヤ」に由来する。これはこの星が見える時期になると、草原に若草が萌えはじめ、テントが建てられるようになるからだという。また、中国では土を盛り上げた墓という意味の「墳墓」と呼ばれている。

天体の豆知識　みずがめ座の英語名「アクエリアス（Aquarius）」は、コカ・コーラのスポーツドリンク「アクエリアス」の商品名の由来だという。また、

うお座

英 パイシーズ *PISCES*

シンボル Symbol ♓

独 フィッシェ *Fische* ／ 仏 プワソン *Poissons* ／ 伊 ペーシ *Pesci* ／ 西 ピスシス *Piscis* ／ 露 ルィーブィ *Рыбы* ／ 羅 ピスケース *Pisces* ／ 希 イクテュエス *Ιχθύες* ／ 韓 ムルコジジャリ 물고기자리 ／ 中 シュアンユーズオ 双鱼座 ／ 亜 ブルジュルフート برج الحوت

- **学名** Pisces
- **概略位置** 赤経20m、赤緯＋10°
- **20時に正中** 11月下旬
- **主な恒星** α星アルレシャ、β星フム・アル・サマカー

イメージ図
Illustration

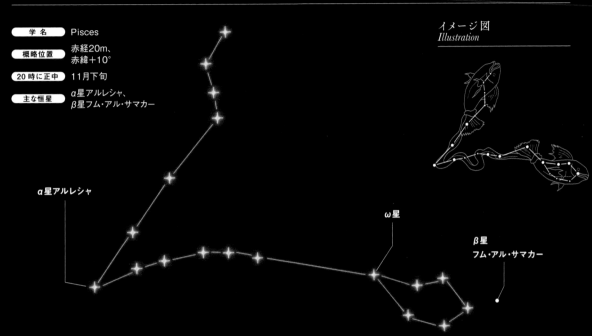

11月下旬、秋の南天に見えるのが、黄道第12番目のうお座だ。2月21日から3月20日生まれの人の誕生星座である。4等星ばかりで際立って明るい星はないが、ペガススの四辺形（→P131）の左下の位置に見つけることができる。「V」の字の形が特徴で、「北の魚」、「西の魚」と呼ばれる2匹の魚がリボンで結ばれている姿を表している。星座の歴史は古く、古代ギリシア以前のバビロニアでも「ニューネ（魚）」と呼ばれていたという。2本のリボンはチグリス・ユーフラテスの2本の川を表しているという説もある。

「V」の字の折れ目部分にあるα（アルファ）星は「アルレシャ」という名前で、アラビア語で「縄」を意味する「アッ＝リシャーア」が語源。アラビアでは、近くにあるペガスス座を水汲みの桶だとしていたため、うお座は桶につける縄だとされていたようだ。

また、「北の魚」に結ばれたリボン部分には、淡くて暗い渦巻銀河M74を見ることができる。

Episode

魚になって怪物から逃げた母子

ギリシア神話では、2匹の魚は愛と美の女神アフロディテとその子エロスが変身した姿だといわれている。ある日、2人がユーフラテス川のほとりを散歩していると、テュフォンという怪物に襲われた。あわてた2人は魚に変身して川に飛びこみ、逃げたという。うお座の2匹の魚がリボンで結ばれているのは、親子が離れないようにするためだといわれている。

Column

移動する春分点

春分の日を決める春分点（→P152）があるのが、うお座の「西の魚」のω（オメガ）星の近くである。春分の日とは、太陽がこの点を通過する日を指す。実は、春分点は少しずつ西に移動している。昔は黄道第1番目のおひつじ座（→P101）にあったが、うお座に移り、約650年後には、うお座ではなく、黄道第11番目のみずがめ座（→P121）に移動する。

天体の豆知識

同じく秋の星座のみなみのうお座にも似たギリシア神話があり、うお座の親魚だとする説もある（→P071）。

死者をも蘇らせる名医の蛇使い

へびつかい座

[英] オヒューカス
OPHIUCHUS

学 名	Ophiuchus
概略位置	赤経10h10m、赤緯－4°
20時に正中	8月上旬
主な恒星	α星ラス・アルハゲ、β星ケバルライ

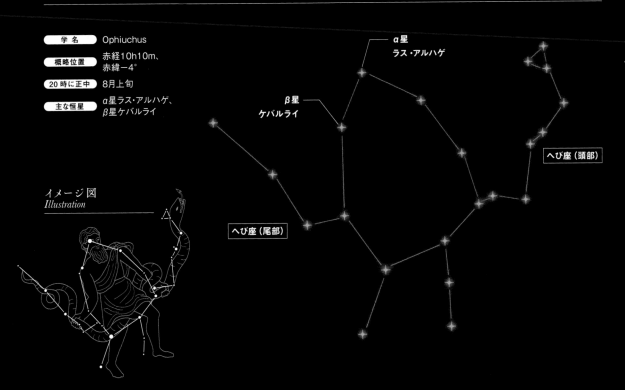

α星
ラス・アルハゲ

β星
ケバルライ

へび座（頭部）

へび座（尾部）

イメージ図
Illustration

　夏の空に横たわる大きな蛇（へび座）を両腕で捕まえている蛇使いの姿を表しているのが、へびつかい座だ。天の川の近くに位置しており、黄道十三星座のひとつに数えられる。目立つ星はないが、将棋の駒のような五角形が特徴的な巨大な星座だ。すぐ下にあるさそり座（→P115）を足で踏みつけているようにも見える。頭部に輝くα（アルファ）星は、「蛇使いの頭」という意味の「ラス・アルハゲ」と呼ばれる。蛇使いの正体は、ギリシア神話の医聖アスクレピオスだといわれている。

　また、アラビアでは、α星を羊飼い、β（ベータ）星と近くのヘルクレス座のα星を牧羊犬、周囲の星たちを羊と考えていたという。

　へびつかい座には、M10やM12、M14などの球状星団や暗黒星雲がある。暗黒星雲とは、宇宙空間のガスやちりの雲が星の光を隠すため、雲がある部分だけ黒いシルエットになって見える星雲。β星の近くには、秒速140kmで北に高速移動している「バーナード星」と呼ばれる9等星がある。

Episode
医聖アスクレピオスと大蛇

　古代ギリシアでは、脱皮をする蛇は再生を繰り返す健康の象徴とされていた。星座となったアスクレピオスがつかんでいる大蛇も同様だ。ある日、アスクレピオスは1匹の蛇を殺してしまった。そこに別の蛇がやってきて薬草を死んだ蛇につけた。すると、死んだはずの蛇が生き返った。驚いたアスクレピオスは、薬草の効能について学んだという。

Column
アスクレピオスが星座になった理由

　ギリシア神話に登場するアスクレピオスは、賢者ケイロン（→P117）に医療を教わったという名医。その優れた能力は、死者を蘇らせるほどだった。しかし、異界の死者がいなくなってしまったので冥界の王ハデスは困ってしまう。主神ゼウスは、秩序を保つためにアスクレピオスに雷を放って殺したが、医師としての腕前をたたえて天に上げて星座にしたという。

天体の異名
Another name
　日本の讃岐地方では、農作業で使う竹を編んだ道具の「箕（み）」の形に似ていることから、「讃岐の箕」と呼ばれることもある。

URSA MAJOR

北斗七星を中心に描かれる悲しき大熊

おおぐま座 [英] アーサ メイジャ
URSA MAJOR

学 名	Ursa Major
概略位置	赤経11h、赤緯＋58°
20時に正中	5月上旬
主な恒星	α星ドゥベ、β星メラク

イメージ図
Illustration

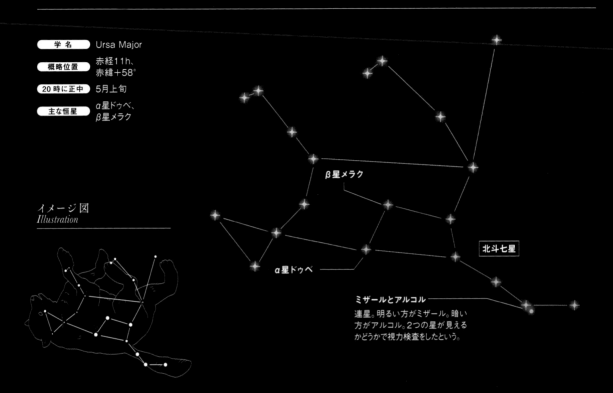

β星メラク

北斗七星

α星ドゥベ

ミザールとアルコル ─ 連星。明るい方がミザール。暗い方がアルコル。2つの星が見えるかどうかで視力検査をしたという。

　春の宵、北の空に輝く7つの柄杓（ひしゃく）型の星々を含む星座が、おおぐま座だ。7つの星は「北斗七星」と呼ばれ、日本でも柄杓星の名で親しまれてきた。先端のα（アルファ）星とβ（ベータ）星の間隔を5つ分辿ると、北極星を見つけられることでも知られている。熊の腰から尻尾を形づくる星の並びは、古代バビロニアでは「大きな車」、イギリスでは「アーサー王の車」、中国では皇帝の北斗星君が乗る「帝車」など、車や荷車にも見立てられた。柄杓の柄の先から2番目の星「ミ

ザール」は、見かけの二重星（→P153）で、小さな4等星アルコルが寄り添って見える。アルコルは日本では「そえぼし」、中国では「輔星（ほせい）」といい、アラビアでは視力試しの星として用いられ、アル・サダク（テスト）とも呼ばれた。おおぐま座の周辺にはたくさんの銀河があり、小さな望遠鏡でも比較的見やすいことも特徴だ。ふくろうの顔に似たふくろう星雲M97、柄の先端近くにある渦巻銀河M101など、はるか彼方の銀河に想いを馳せることができる。

Episode ┈┈┈┈┈┈┈┈┈┈┈┈┈┈┈┈
母子の悲しき運命を背負う星

　ギリシア神話では、おおぐま座とこぐま座は母子の星座だ。大熊はもともと美しい森の妖精カリストだったが、主神ゼウスの愛を受けて息子アルカスを産んだため月の女神アルテミスの嫉妬を受け、大熊の姿に変えられてしまう。その後、成長したアルカスが森の中で大熊に会い、母と気づかず射殺そうとした。それを天界から見たゼウスは、2人を憐れみ天に上げた。

Column ┈┈┈┈┈┈┈┈┈┈┈
破軍の星

　昔の中国では、北斗七星は人間の命運を支配する星として信仰されていた。北斗七星の柄の先の星を「破軍の星」と呼び、この星に向かって軍を進めると敗北するといわれていた。また、北斗七星を7人の聖人に見立てる伝説もあり、唐の時代、北の空の北斗七星が夜空から地上に降り、7人の和尚に化けて、都に酒を飲みにきたという話が伝わっている。

天体の異名
Another name ｜ 北斗七星の異名は多い。柄杓星、枡星、杓子星、酒枡（さかます）、四三（しそう）の星、七つ星、七夜の星、舵星、船星、ウフナーブシ、七星剣（しちじょうけん）など。

カシオペヤ座

[英] キャシオピア
CASSIOPEIA

学名	Cassiopeia
概略位置	赤経1h、赤緯＋60°
20時に正中	12月上旬
主な恒星	α星シェダル、β星カフ

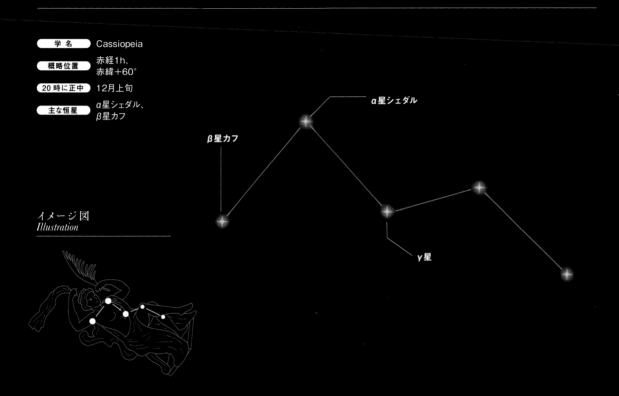

イメージ図
Illustration

11月下旬頃、北の空高くに見つけることができる5つの星がカシオペヤ座だ。秋の天の川に浮かぶ、「M」の字の形が特徴的である。ケフェウス座、アンドロメダ座、ペルセウス座とともに古代エチオピア王家にまつわる星座のひとつで、カシオペヤはケフェウス王の妻である王妃の名前だ。

カシオペヤ座は、北極星を見つける目印としても有名だ。5つの星のうち、両端の星からなる2辺を伸ばした交点と、中央のγ（ガンマ）星を結んだ直線を、5倍伸ばした先に北極星がある。北極星に近いので、カシオペヤ座も1年中地平線の下に沈むことはない。また、M52、NGC7789などの散開星団を含んでおり、見どころの多い星座でもある。

1572年、カシオペヤ座の近くで、肉眼で見えるとても明るい超新星が観測されたことがある。超新星とは、恒星が突然、大爆発を起こしたことで輝きを放つ天体のことだ。16世紀にデンマークの天文学者ティコ・ブラーエが記録を残しており、「ティコの新星」と呼ばれる。

 Episode
海神を怒らせた娘自慢

ギリシア神話には、古代エチオピアの王妃カシオペヤの伝説がある。娘のアンドロメダ姫がとても美しかったので、カシオペヤはつい「海神ポセイドンの娘たちより美しい」と言ってしまう。怒ったポセイドンは王国に津波を起こしたので、怒りを鎮めるために愛する娘を海の怪物の生贄に差し出すことになってしまった。姫を勇者ペルセウスが救った伝説はP073を参照。

Column
M字形は何に見えるか

カシオペヤ座の特徴的なM字形は、さまざまなものに見立てられてきた。日本では、船のいかりのように見えることから「いかり星」、2つの山の連なりに見えることから「山がた星」、2つの角がちがっていることから「かどちがい星」などの名で呼ばれる。また、アラビアでは、砂漠に座るラクダのこぶ、マーシャル諸島ではイルカの尾に見立てていたという。

天体の豆知識
Tidbits of the star ｜ 古い星座の絵では、カシオペヤが勝利のシンボルであるヤシの葉を持っている姿で描かれている。

ペガスス座

[英] ペガサス
PEGASUS

学名	Pegasus
概略位置	赤経22h30m、赤緯＋17°
20時に正中	10月下旬
主な恒星	α星マルカブ、β星シェアト

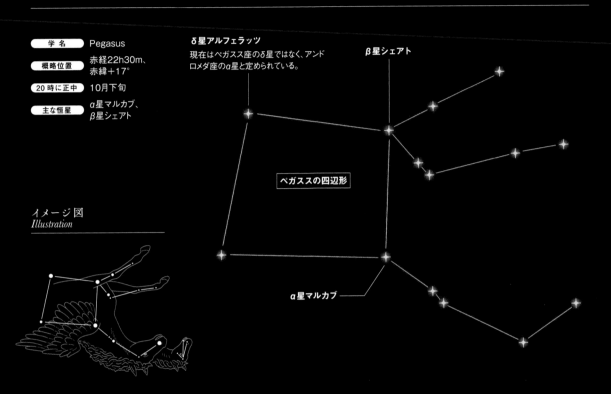

δ星アルフェラッツ
現在はペガスス座のδ星ではなく、アンドロメダ座のα星と定められている。

β星シェアト

ペガススの四辺形

α星マルカブ

イメージ図
Illustration

　天翔る天馬をかたどった星座がペガスス座だ。ペガススとは翼の生えた天馬のことで、英雄ペルセウスが怪物メデューサを退治した時に逆（ほとばし）った血から生まれたとされる。

　秋の夜空を四角に仕切るように輝く4つの星が目印で、天馬の胴体部分を形作っている。この4つの星は「ペガススの四辺形」や「秋の四辺形」と呼ばれる（→P144）。日本では枡（ます）の形に似ていることから「枡形星」として親しまれている。四角形の各辺がほぼ東西南北に向いているので、辺や対角線を延ばしていくと秋の星座を見つけやすい。

　この特徴的な四角形は、アラビアでは桶、中国では部屋の壁、日本では枡、インドではベッドの枠組み、南米ではバーベキューの焼き網の形など、さまざまな形に見立てられた。

　四角形を形づくる星のうちのひとつ、アルフェラッツは「馬のへそ」という意味で、かつてペガスス座のδ（デルタ）星だった。ただし、この星はアンドロメダ座にも属していたため、現在はアンドロメダ座のα（アルファ）星と定められている。

✦ *Episode*　天馬とベレロフォーン

　ペガススはペルセウス（→P073）と共にアンドロメダを助けた後、勇者ベレロフォーンと共に怪物キメラ退治に出かけた。勇者はペガススにまたがり、天から矢を射てキメラを退治したが、自らの武勇に驕り、天界まで駆け上がろうとした。主神ゼウスは1匹の虻を放ち、ペガススの脇腹を刺させ、驚いたペガススは勇者を地上に振り落とすと天に駆け上り、星となったという。

🖋 *Column*　ステファンの五つ子

　ペガスス座の方向に、発見者である天文学者エドゥアール・ステファンの名前にちなんで「ステファンの五つ子」と呼ばれる銀河の集団がある。見かけ上5つの銀河が集まっているように見える銀河群で、大きな銀河の重力により小さな銀河が徐々に解体されていく「銀河の共食い」現象が行われていたことがわかり、注目されている。

天体の豆知識
Tidbits of the star　ペガスス座の星々は、鼻や脇腹など馬の体を表す名前が多いが、ζ（ゼータ）星ホマンは「王の守り星」、μ（ミュー）星サダルバリは「知識人の守り星」など、別の意味の名の星もある。

古代の北極星をもつ居眠り竜

りゅう座
[英] ドラコ
DRACO

学名	Draco
概略位置	赤経17h、赤緯+60°
20時に正中	8月上旬
主な恒星	α星トゥバン、β星ラスタバン

α星トゥバン

β星ラスタバン

γ星エルタニン

イメージ図
Illustration

りゅう座は北極星と北斗七星に挟まれ、1年中北の空に見えている。平仮名の「て」のように体をくねらせた形が特徴で、見頃は夜の北の空高くのぼる夏の頃。

りゅう座の尾にあるα（アルファ）星のトゥバンは「竜」を意味する3等星。約5000年前、エジプトでピラミッド建設が始まった頃、この星は古代の北極星として天の北極近くに輝いていたとされる。りゅう座でもっとも明るい星は、頭部にある2等星のγ（ガンマ）星エルタニン。「竜の頭」という意味で、1727年、

イギリスの天文学者ブラッドリーが地動説の根拠となる現象を発見した際、そのきっかけになった歴史的な星でもある。

明るい星の少ない星座だが、望遠鏡で覗くと、りゅう座の中央付近にはキャッツ・アイ（猫目）星雲と呼ばれる美しい惑星状星雲が見える。惑星状星雲は、年老いた赤色巨星が出したガスが輝いているもの。また、りゅう座付近には「りゅう座イオタ流星群」や「ジャコビニ流星群」といった2つの活発な流星群があり、定期的に美しい流星を楽しむことができる。

Episode
金のりんごを守る竜

ギリシア神話では、主神ゼウスは大事な黄金のりんごの木を、ヘスペリデスというニンフ（妖精）の三姉妹に預けた。三姉妹に見張りを頼まれた竜は、忠実にりんごの木を守り続けたが、ある時、寝ずの番で疲れて居眠りをしてしまった。その隙に、英雄ヘルクレスに頼まれたアトラスに、りんごを取られてしまった。竜は天にのぼった今も、とぐろを巻いて居眠りしているという。

Column
古代の北極星トゥバン

トゥバンが北極星だった約5000年前に建設されたクフ王のピラミッドの墓室には、トゥバンを見通すため31度の傾斜をもつ一直線の穴が掘られていたとされる。また、竜の頭のγ星エルタニンはエジプトの神の名前「イシス」と呼ばれていて、この星に向かってイシス神を崇める礼拝堂の扉が取りつけられていた。

天体の豆知識
Tidbits of the star チグリス・ユーフラテス川付近にいた古代カルデア人によれば、火の神マルドゥークが退治した悪竜ティアマトを空に掲げた姿だという。

133

王女をなぐさめる美しき王冠

かんむり座

[英] コロナ ボリアリス
CORONA BOREALIS

学 名	Corona Borealis
概略位置	赤経15h40m、赤緯＋30°
20時に正中	7月中旬
主な恒星	α星アルフェッカ

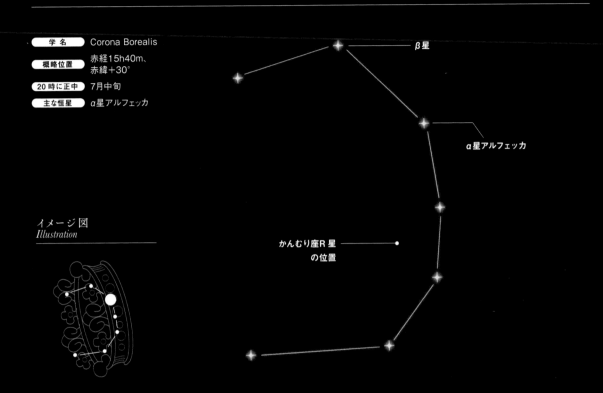

β星

α星アルフェッカ

かんむり座R星
の位置

イメージ図
Illustration

　春の空に浮かぶかんむり座は、北天に輝く小さな星座。王冠のように半円形の7つの星が「つ」の字に並んでいる。特徴的な形なので世界中にたくさんの異名がたくさんある。古代ギリシアでは「ステファノス（花輪）」、オーストラリアの先住民族では「ブーメラン」、北米のネイティブアメリカンでは「天の姉妹」や「熊（北斗七星）が住む洞窟」、中国では牢屋に見立てて「貫索（銅線をまとめるひも）」、日本ではかまどに見立てて「長者の釜」や「鬼の釜」などと呼ばれている。

　α（アルファ）星のアルフェッカはラアラビア語で「欠けた皿」という意味の2等星だが、ラテン語で「宝石」や「真珠」という意味の「ゲンマ」とも呼ばれている。
　冠の内側には、5.7等から14等まで明るさを変える変光星のかんむり座R星がある。変光星にはミラ（→P075）などの脈動変光星、アルゴル（→P073）などの食変光星があるが、変光星Rのように不規則に明るさを変え、いつ暗くなるか予想できない星を「かんむり座R型変光星」という。

✦ Episode
酒の神ディオニュソスと王女アリアドネ

　ギリシア神話に登場する王女アリアドネは、都市国家アテネの王子テーセウスと結婚したが、女神アテネのお告げによって島に置き去りにされてしまう。悲しんだアリアドネは海に身投げしようとしたが、そこに酒の神デュオニソスが現れた。デュオニソスはアリアドネをなぐさめようと7つの宝石が輝く黄金の冠を頭に載せた。2人は結婚し、幸せに暮らしたという。

✒ Column
桔梗姫の首飾り

　埼玉県の秩父では、かんむり座が「首飾り星」と呼ばれるようになった話が伝わる。平安時代、乱を起こした武将の平将門は、藤原秀郷の軍から逃れて身を隠していた。しかし、将門が寵愛していた桔梗（ききょう）姫が秀郷に居場所を密告する。裏切られた将門は怒り、桔梗姫を斬り殺した。桔梗姫に同情した秀郷が姫の首飾りを天に投げたところ、星座になったという。

天体の異名
Another name　　日本ではほかにも「太鼓星」、「車星」、「井戸端星」、「指輪星」などの名前でも呼ばれる。

Celestial data collection

※◆マークは黄道十二星座です。
※「肉眼星数」は6等星までの星の数です。
※★マークは1等星です。
※星座のサイズは正確な比率に基づいたものではありません。

星座名(50音順)		学名	略符	設定者	主な恒星	肉眼星数	季節	二十八宿(→P148)	掲載ページ
	アンドロメダ座	Andromeda	And	プトレマイオス	アルフェラッツ ミラク アルマク	149	秋	奎宿	P094
	いっかくじゅう(一角獣)座	Monoceros	Mon	バルチウス		136	冬		P088
◆	いて(射手)座	Sagittarius	Sgr	プトレマイオス	ルクバト カウス・アウストラリス	194	夏	箕宿 斗宿	P117
	いるか(海豚)座	Delphinus	Del	プトレマイオス	スアロキン ロタネブ	41	夏		
	インディアン座	Indus	Ind	バイヤー	ペルシアン	40	南天		
◆	うお(魚)座	Pisces	Psc	プトレマイオス	アルレシャ	134	秋		P123
	うさぎ(兎)座	Lepus	Lep	プトレマイオス	アルネブ ニハル	70	冬		
	うしかい(牛飼)座	Bootes	Boo	プトレマイオス	アルクトゥルス ネカル セギヌス	140	春		P059
	うみへび(海蛇)座	Hydra	Hya	プトレマイオス	アルファルド	228	春	柳宿 星宿 張宿	P061
	エリダヌス座	Eridanus	Eri	プトレマイオス	アケルナル クルサ ザウラク	189	冬		
◆	おうし(牡牛)座	Taurus	Tau	プトレマイオス	アルデバラン エルナト	131	冬	昴宿 畢宿	P090、103
	おおいぬ(大犬)座	Canis Major	CMa	プトレマイオス	シリウス ミルザム	140	冬		P077
	おおかみ(狼)座	Lupus	Lup	プトレマイオス		116	春		
	おおぐま(大熊)座	Ursa Major	UMa	プトレマイオス	北斗七星(ドゥベー、メラク、フェクダ、メグレズ、アリオト、ミザール、アルカイド、アルコル)	207	春		P127

現在の「星座」は国際天文連合(IAU)によって決められており、その数は全天88。
古代ギリシアの天文学者プトレマイオスが考案した48星座に40星座を後世に加えたものだ。

星座名(50音順)		学名	略符	設定者	主な恒星	肉眼星数	季節	二十八宿(→P148)	掲載ページ
◆	おとめ(乙女)座	Virgo	Vir	プトレマイオス	スピカ ザヴィヤヴァ ポリマ	167	春	角宿 亢宿	P111
◆	おひつじ(牡羊)座	Aries	Ari	プトレマイオス	ハマル シェラタン	85	秋	婁宿 胃宿	P101
	オリオン座	Orion	Ori	プトレマイオス	ベテルギウス リゲル	197	冬	觜宿 参宿	P081、083
	がか(画架)座	Pictor	Pic	ラカイユ		47	南天		
	カシオペヤ座	Cassiopeia	Cas	プトレマイオス	シェダル カフ ツィー	153	秋		P129
	かじき(旗魚)座	Dorado	Dor	バイヤー		30	南天		
◆	かに(蟹)座	Cancer	Cnc	プトレマイオス	アクベンス タルフ	97	春	鬼宿	P107
	かみのけ(髪の毛)座	Coma Berenices	Com	ティコ・ブラーエ		66	春		
	カメレオン座	Chamaeleon	Cha	バイヤー		20	南天		
	からす(烏)座	Corvus	Crv	プトレマイオス		27	春	軫宿	
	かんむり(冠)座	Corona Borealis	CrB	プトレマイオス	アルフェッカ	35	春		P135
	きょしちょう(巨嘴鳥)座	Tucana	Tuc	バイヤー		43	南天		
	ぎょしゃ(馭者)座	Auriga	Aur	プトレマイオス	カペラ	154	冬		P085
	きりん(麒麟)座	Camelopardalis	Cam	バルチウス		146	秋		
	くじゃく(孔雀)座	Pavo	Pav	バイヤー	ピーコック	82	南天		

星座名（50音順）		学名	略符	設定者	主な恒星	肉眼星数	季節	二十八宿(→P148)	掲載ページ
	くじら（鯨）座	*Cetus*	*Cet*	プトレマイオス	メンカル ディフダ ミラ	178	秋		*P075*
	ケフェウス座	*Cepheus*	*Cep*	プトレマイオス	アルデラミン	148	秋		
	ケンタウルス座	*Centaurus*	*Cen*	プトレマイオス	リギル・ケンタウルス プロキシマ・ケンタウリ ハダル	276	春		
	けんびきょう（顕微鏡）座	*Microscopium*	*Mic*	ラカイユ		41	秋		
	こいぬ（小犬）座	*Canis Minor*	*CMi*	プトレマイオス	プロキオン ゴメイサ	41	冬		*P079*
	こうま（小馬）座	*Equuleus*	*Equ*	プトレマイオス	キタルファ	15	秋		
	こぎつね（小狐）座	*Vulpecula*	*Vul*	ヘベリウス	アンサー	73	夏		
	こぐま（小熊）座	*Ursa Minor*	*UMi*	プトレマイオス	ポラリス	39	春		*P057*
	こじし（小獅子）座	*Leo Minor*	*LMi*	ヘベリウス		35	春		
	コップ座	*Crater*	*Crt*	プトレマイオス	アルケス	34	春	翼宿	
	こと（琴）座	*Lyra*	*Lyr*	プトレマイオス	ベガ シェリアク スラファト	70	夏		*P063*
	コンパス座	*Circinus*	*Cir*	ラカイユ		38	南天		
	さいだん（祭壇）座	*Ara*	*Ara*	プトレマイオス		67	南天		
	さそり（蠍）座	*Scorpius*	*Sco*	プトレマイオス	アンタレス アクラブ	169	夏	房宿 心宿 尾宿	*P115*
	さんかく（三角）座	*Triangulum*	*Tri*	プトレマイオス	モサラー	26	秋		

星座名(50音順)	学名	略符	設定者	主な恒星	肉眼星数	季節	二十八宿(→P148)	掲載ページ
◆ しし(獅子)座	*Leo*	Leo	プトレマイオス	レグルス デネボラ アルギエバ	118	春		*P109*
じょうき(定規)座	*Norma*	Nor	ラカイユ		43	南天		
たて(楯)座	*Scutum*	Sct	ヘベリウス		29	夏		
ちょうこくぐ(彫刻具)座	*Caelum*	Cae	ラカイユ		20	冬		
ちょうこくしつ(彫刻室)座	*Sculptor*	Scl	ラカイユ		52	秋		
つる(鶴)座	*Grus*	Gru	バイヤー	アルナイル アルダナブ	56	秋		
テーブルさん(テーブル山)座	*Mensa*	Men	ラカイユ		23	南天		
◆ てんびん(天秤)座	*Libra*	Lib	プトレマイオス	ズベン・エルゲヌビ ズベン・エスカマリ	80	夏	氐宿	*P113*
とかげ(蜥蜴)座	*Lacerta*	Lac	ヘベリウス		65	秋		
とけい(時計)座	*Horologium*	Hor	ラカイユ		31	南天		
とびうお(飛魚)座	*Volans*	Vol	バイヤー		29	南天		
とも(船尾)座	*Puppis*	Pup	ラカイユ		230	冬		
はえ(蠅)座	*Musca*	Mus	バイヤー		59	南天		
はくちょう(白鳥)座	*Cygnus*	Cyg	プトレマイオス	デネブ アルビレオ サドル	262	夏		P067, 069
はちぶんぎ(八分儀)座	*Octans*	Oct	ラカイユ		53	南天		

星座名（50音順）		学名	略符	設定者	主な恒星	肉眼星数	季節	二十八宿（→P148）	掲載ページ
	はと（鳩）座	Columba	Col	ロワイエ	ファクト ワズン	69	冬		
	ふうちょう（風鳥）座	Apus	Aps	バイヤー		36	南天		
◆	ふたご（双子）座	Gemini	Gem	プトレマイオス	ポルックス カストル	118	冬	井宿	P105
	ペガスス座	Pegasus	Peg	プトレマイオス	マルカブ シェアト アルゲニブ	169	秋	室宿 壁宿	P131
	へび（蛇）座（頭部）	Serpens	Ser	プトレマイオス	ウヌクアルハイ	68	夏		
	へび（蛇）座（尾部）	Serpens	Ser	—		39	夏		
	へびつかい（蛇遣）座	Ophiuchus	Oph	プトレマイオス	ラサグハグェ ケバルライ	161	夏		P125
	ヘルクレス座	Hercules	Her	プトレマイオス	ラス・アルゲティ コルネフォロス	234	夏		
	ペルセウス座	Perseus	Per	プトレマイオス	ミルファク アルゴル	158	秋		P073
	ほ（帆）座	Vela	Vel	ラカイユ		204	冬		
	ぼうえんきょう（望遠鏡）座	Telescopium	Tel	ラカイユ		53	南天		
	ほうおう（鳳凰）座	Phoenix	Phe	バイヤー	アンカア	69	南天		
	ポンプ座	Antlia	Ant	ラカイユ		42	春		
◆	みずがめ（水瓶）座	Aquarius	Aqr	プトレマイオス	サダムメリク サダルスウド サダクビア	165	秋	女宿 虚宿 危宿	P121
	みずへび（水蛇）座	Hydrus	Hyi	バイヤー		33	南天		

星座名(50音順)		学名	略符	設定者	主な恒星	肉眼星数	季節	二十八宿(→P148)	掲載ページ
	みなみじゅうじ(南十字)座	Crux	Cru	ロワイエ	アクルックス ミモザ	48	南天		
	みなみのうお(南魚)座	Piscis Austrinus	PsA	プトレマイオス	フォーマルハウト	47	秋		P071
	みなみのかんむり(南冠)座	Corona Australis	CrA	プトレマイオス	メリディアナ	41	夏		
	みなみのさんかく(南三角)座	Triangulum Australe	TrA	バイヤー	アトリア	34	南天		
	や(矢)座	Sagitta	Sge	プトレマイオス	シャム	28	夏		
	やぎ(山羊)座	Capricornus	Cap	プトレマイオス	アルゲディ ダビー	79	秋	牛宿	P119
	やまねこ(山猫)座	Lynx	Lyn	ヘベリウス		93	春		
	らしんばん(羅針盤)座	Pyxis	Pyx	ラカイユ		39	冬		
	りゅう(竜)座	Draco	Dra	プトレマイオス	トゥバン ラスタバン エルタニン	213	夏		P133
	りゅうこつ(竜骨)座	Carina	Car	ラカイユ	カノープス ミアプラキドゥス	216	冬		P087
	りょうけん(猟犬)座	Canes Venatici	CVn	ヘベリウス	コル・カロリ	58	春		
	レチクル座	Reticulum	Ret	ラカイユ		23	南天		
	ろ(炉)座	Fornax	For	ラカイユ		57	冬		
	ろくぶんぎ(六分儀)座	Sextans	Sex	ヘベリウス		35	春		
	わし(鷲)座	Aquila	Aql	プトレマイオス	アルタイル アルシャイン タラゼド	116	夏		P065

＊ 星図（全天・春）＊

北

カシオペヤ

デネブ

はくちょう

ペルセウス

ケフェウス

きりん

北極星

カペラ

ぎょしゃ

こと

ベガ

りゅう

こぐま

M82

やまねこ

ヘルクレス

北斗七星

かんむり

うしかい

おおぐま

カストル

ポルックス

ふたご

黄道

ベテルギウス

りょうけん

こじし

かに

M44プレセペ星団

春の大曲線

天頂

東

かみのけ

デネボラ

レグルス

プロキオン

西

へび（頭）

しし

こいぬ

へびつかい

春の大三角

いっかくじゅう

てんびん

ろくぶんぎ

うみへび

スピカ

おとめ

コップ

らしんばん

とも

さそり

アンタレス

からす

ポンプ

おおかみ

ケンタウルス

ほ

NGCS139オメガ星団

南

○ 0等星
● 1等星
● 2等星
● 3等星
● 4等星
· 5等星
· 6等星

春の星座（東京）
2月の午前2時頃、3月の午前0時頃、
4月の午後10時頃、5月の午後8時頃

　北半球にある日本から春の空を見上げると、うしかい座の
アルクトゥルス（→P059）、おとめ座（→P111）のスピカ、しし座
（→P109）のレグルスなどの1等星、おおぐま座（→P127）の
北斗七星など、バラエティ豊かな星々星座を楽しむことがで
きる。

　これら春の星座たちを見つけるには、北斗七星が目印と
なる。柄杓（ひしゃく）の形をした北斗七星の先端にある2つ
の星を結ぶ線を北の方に5倍に伸ばすと、まずは北極に位

置するポラリス（→P057）を見つけることができる。さらに柄
杓の持ち手のカーブの延長線には、うしかい座のアルクトゥ
ルス、おとめ座のスピカがある。これが「春の大曲線」と呼ば
れる巨大なカーブだ。また、アルクトゥルス、スピカ、しし座の2
等星デネボラをつなぐと浮かび上がる大きな三角形は「春
の大三角」という呼ばれている。ちなみに、これにりょうけん座
の α（アルファ）星である、3等星コル・カロリを含めて「春の
ダイヤモンド」といわれている。

＊星図（全天・夏）＊

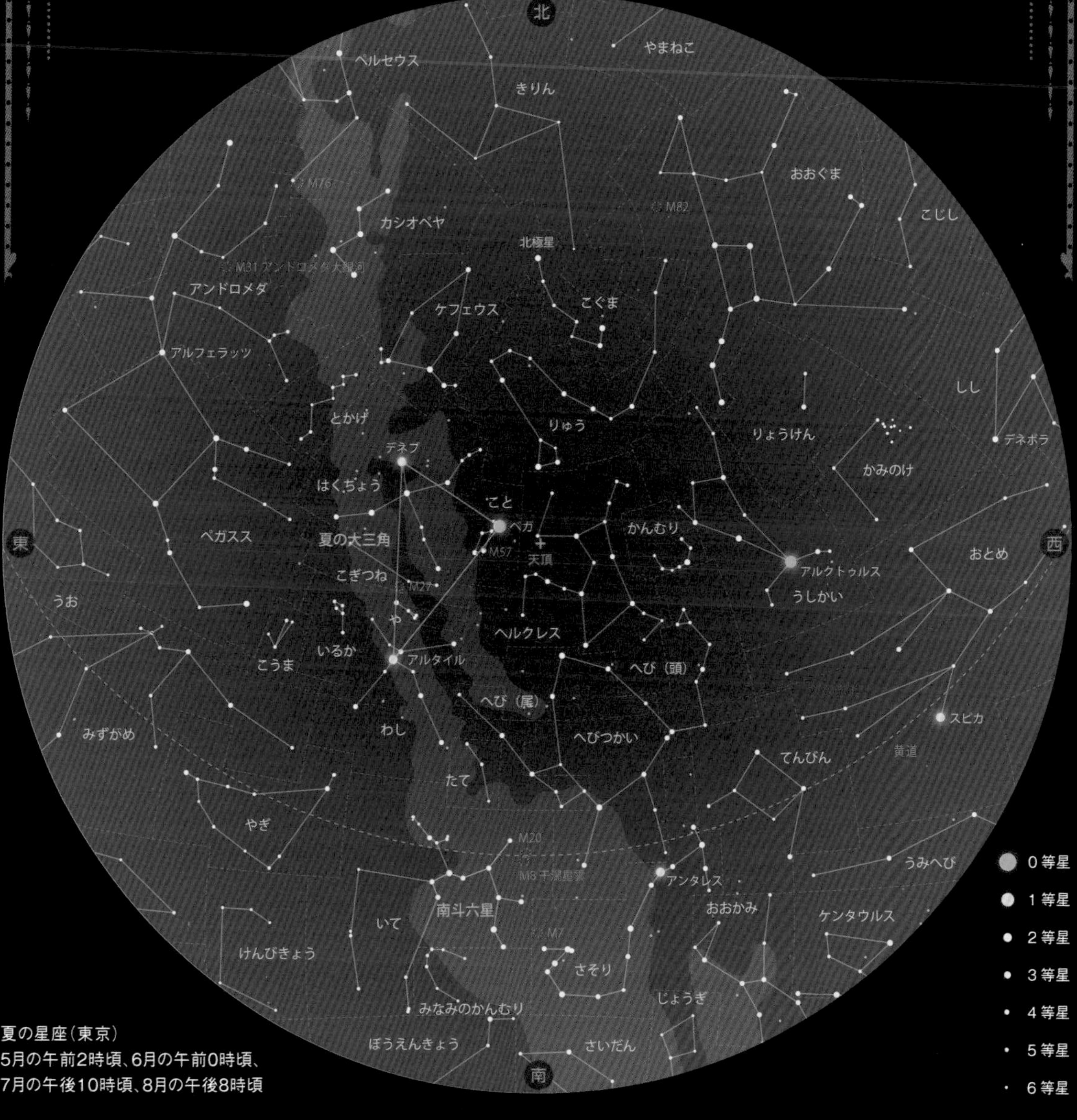

夏の星座（東京）
5月の午前2時頃、6月の午前0時頃、
7月の午後10時頃、8月の午後8時頃

	等星
●	0等星
●	1等星
•	2等星
•	3等星
·	4等星
·	5等星
·	6等星

　夏の夜空の名物といえば、天空にたゆたう天の川。英語では「ミルキーウェイ（ミルクの道）」の異名をもつ、太陽系から見える天の川銀河（→P092）の中心部分の星の集まりだ。天の川は夏がもっとも明るいが、非常にあわい光なので、見つけるには南の空でひときわ存在感を示している真っ赤な1等星、アンタレスが目印になる。くらい夜空の下では天の川は、アンタレスが属するさそり座（→P115）といて座（→P117）の間にまさに大河のように流れる姿を見ることができる。

　さらに、天の川をたどると、七夕伝説で有名なこと座の織女星ベガ（→P063）とわし座の牽牛星アルタイル（→P065）が川をはさんで向き合っている。1等星であるこの2星に、さらに北にあるはくちょう座の1等星デネブ（→P067）を加えたものを「夏の大三角」という。大三角の南西にはヘルクルス座やへびつかい座（→P125）を見つけられる。

　西空には、北斗七星や、「春の大曲線」、「春の大三角」などを描く春の星座たちを見ることができる。

143

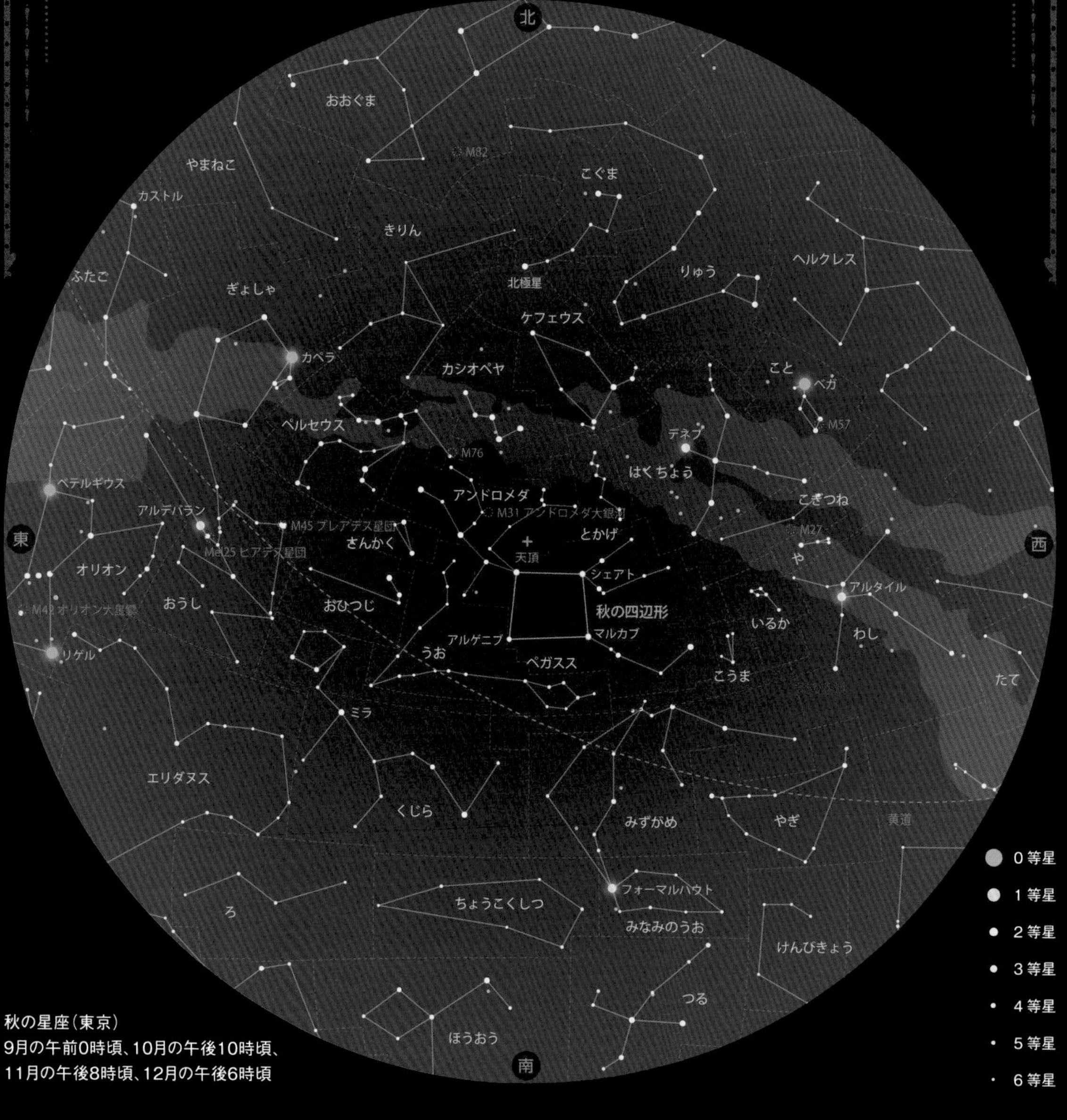

秋の星座（東京）
9月の午前0時頃、10月の午後10時頃、
11月の午後8時頃、12月の午後6時頃

- 0等星
- 1等星
- 2等星
- 3等星
- 4等星
- 5等星
- 6等星

　秋の夜空には目立つ明るい星が少なく、北斗七星も地平線近くに位置して見えづらくなるため、「W」の形が特徴的な北空のカシオペヤ座（→P129）が目印になる。カシオペヤ座より北の地平線側に、北極星ポラリス（→P057）が輝く。

　また、東の空には「秋の四辺形」や「ペガススの四辺形」と呼ばれる4つの星がある。この周囲には、ペガスス座はもちろん、うお座（→P123）やアンドロメダ座など、秋空名物の星座たちを見つけられる。星座を眺めながら、ギリシャ神話の

英雄ペルセウス（→P073）、王妃カシオペヤ、アンドロメダ姫などが登場する古代エチオピア王家の神話を楽しめるだろう。アンドロメダ座の方向には、アンドロメダ銀河（→P094）を肉眼で見ることもできる。

　そして南の空には、秋の空唯一の1等星、みなみのうお座のフォーマルハウト（→P071）が輝いており、北の空には夏の星座の名残であるデネブ（→P067）、ベガ（→P063）、アルタイル（→P065）の「夏の大三角」が存在感を示している。

✳ 星図（全天・冬）✳

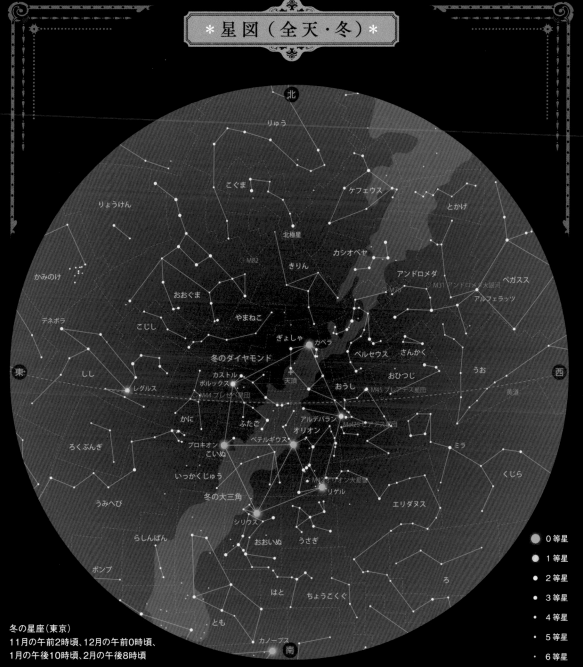

北

りゅう

こぐま

ケフェウス

とかげ

りょうけん

北極星

カシオペヤ

M82

きりん

アンドロメダ

ペガスス

M31 アンドロメダ大銀河

かみのけ

M78

アルフェラッツ

おおぐま

やまねこ

ぎょしゃ

カペラ

ベルセウス

さんかく

うお

デネボラ

こじし

冬のダイヤモンド

黄道

東

カストル
ポルックス

天頂

おひつじ

西

しし

レグルス

M44 プレセペ星団

おうし

M45 プレアデス星団

黄道

かに

ふたご

アルデバラン

M1かに星雲

ミラ

ろくぶんぎ

プロキオン
こいぬ

ベテルギウス

オリオン

ろ くじら

うみへび

いっかくじゅう

M42オリオン大星雲

エリダヌス

冬の大三角

リゲル

らしんばん

シリウス

ポンプ

おおいぬ

うさぎ

ろ

はと

ちょうこくぐ

とも

カノープス

南

○ 0等星
● 1等星
● 2等星
• 3等星
· 4等星
· 5等星
· 6等星

冬の星座（東京）
11月の午前2時頃、12月の午前0時頃、
1月の午後10時頃、2月の午後8時頃

　空気が冷たくさえわたる冬空は、星座ウォッチングがもっとも楽しめる季節かもしれない。1等星が7つも輝く冬空の中で、もっとも有名な星座は、ベテルギウス（→P081）とリゲル（→P083）という2つの1等星と特徴的な三つ星が砂時計のような形をしているオリオン座だろう。南の空には、ベテルギウスと全天一明るいおおいぬ座のシリウス（→P077）、こいぬ座のプロキオン（→P079）という3つの1等星による「冬の大三角」もある。さらに、シリウスとオリオン座のリゲル、おうし座

（→P103）のアルデバラン、ぎょしゃ座のカペラ（→P085）、ふたご座（→P105）のポルックス、プロキオンという6つの1等星をつなげば、「冬のダイヤモンド（冬の大六角形）」が浮かび上がる。おうし座の方向には、プレアデス星団（→P090）やヒアデス星団などを見つけることもできる。

　北の空には北斗七星が再び見やすい位置に上りはじめ、カシオペヤ座（→P129）が沈んでいく。明るい夜空でなければ、あわく光る冬の天の川も楽しめる。

＊星図（南半球）＊

南天の星座

凡例（右下）:
- ● 0等星
- ● 1等星
- ● 2等星
- · 3等星
- · 4等星
- · 5等星
- · 6等星

星図内ラベル:
ちょうこくしつ、フォーマルハウト、みなみのうお、つる、けんびきょう、ほうおう、ろ、インディアン、アケルナル、きょしちょう、ぼうえんきょう、いて、エリダヌス、とけい、SMC 小マゼラン雲、ちょうこくぐ、レチクル、みずへび、くじゃく、南斗六星、がか、かじき、テーブルさん、はちぶんぎ、みなみのかんむり、かめれ、LMC 大マゼラン雲、天の南極、ふうちょう、はと、カノープス、とびうお、カメレオン、みなみのさんかく、さいだん、さそり、おおいぬ、りゅうこつ、ニセ十字、はえ、コンパス、じょうぎ、アンタレス、とも、ハダル、リギル・ケンタウルス、ほ、アクルックス、ミモザ、おおかみ、みなみじゅうじ、らしんばん、ケンタウルス、ポンプ、うみへび、からす

　南半球では、北半球にある日本からは見ることのできない星空を楽しむことができる。南半球ならではの星は、全天で2番目に明るい、りゅうこつ座のカノープス（→P087）やエリダヌス座のアケルナルなどの1等星だ。ほかにも、カメレオン座、テーブルさん座、はちぶんぎ座、ふくちょう座といった、聞き慣れない星座たちが輝いている。

　南十字星（みなみじゅうじ座）も南半球を代表する星座のひとつ。「サザン・クロス」の名でも知られており、全天星座（→P136）でもっとも小さな星座だが、4つの星をつないで浮かび上がる十字架が、天の川の中に輝いている。

　また、日本では冬の星座のオリオン座が夏に、夏の星座のさそり座（→P115）が冬に見え、季節が真逆の夜空が広がる。さそり座やいて座が頭上に位置し、日本よりも見やすく、天の川もひときわ明るく輝いている。オーストラリアの先住民の人々は、天の川の中の影（暗黒帯で星が少ない領域）にエミュー（オーストラリアに生息する鳥）に見立てたという。

✳ 1等星一覧 ✳

1等星より明るい恒星は全天で21個。特に冬は7個の1等星が夜空に現れる。

名前	星座	概算距離 （光年）	見かけの等級
シリウス	おおいぬ座	8.6	-1.5
カノープス	りゅうこつ座	309	-0.7
リギル・ケンタウルス	ケンタウルス座	4.3	-0.3
アルクトゥルス	うしかい座	37	0
ベガ	こと座	25	0
カペラ	ぎょしゃ座	43	0.1
リゲル	オリオン座	863	0.1
プロキオン	こいぬ座	11	0.4
ベテルギウス	オリオン座	498	0.4
アケルナル	エリダヌス座	139	0.5
ハダル	ケンタウルス座	392	0.6
アルタイル	わし座	17	0.8
アクルックス	みなみじゅうじ座	322	0.8
アルデバラン	おうし座	67	1
スピカ	おとめ座	250	1
アンタレス	さそり座	554	1
ポルックス	ふたご座	34	1.1
フォーマルハウト	みなみのうお座	25	1.2
デネブ	はくちょう座	1412	1.3
ミモザ	みなみじゅうじ座	279	1.2
レグルス	しし座	79	1.4

✳ 星々を表すギリシア文字一覧 ✳

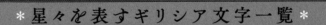

恒星の学名は、各星座の明るい星から順にギリシア文字を当てはめて α 星、β 星…などと呼ぶ。

大文字	小文字	英語表記	日本語読み	大文字	小文字	英語表記	日本語読み
A	α	*alpha*	アルファ	N	ν	*nu*	ニュー
B	β	*beta*	ベータ	Ξ	ξ	*xi*	クシー
Γ	γ	*gamma*	ガンマ	O	o	*omicron*	オミクロン
Δ	δ	*delta*	デルタ	Π	π, ϖ	*pi*	パイ
E	ε, ε	*epsilon*	イプシロン	P	ρ, ϱ	*rho*	ロー
Z	ζ	*zeta*	ゼータ	Σ	σ, ς	*sigma*	シグマ
H	η	*eta*	イータ	T	τ	*tau*	タウ
Θ	θ, ϑ	*theta*	シータ	Υ	υ	*upsilon*	ユプシロン
I	ι	*iota*	イオタ	Φ	φ, ϕ	*phi*	ファイ
K	κ	*kappa*	カッパ	X	χ	*chi*	カイ
Λ	λ	*lambda*	ラムダ	Ψ	ψ	*psi*	プサイ
M	μ	*mu*	ミュー	Ω	ω	*omega*	オメガ

二十八宿一覧

古代中国の星図を「二十八宿」といい、天を巡る星を28の星座に分類していた。

名前	宿名	音読み	訓読み	現代の星座の位置
東方七宿青龍	角宿	かくしゅく	すぼし	おとめ座中央部
	亢宿	こうしゅく	あみぼし	おとめ座東部
	氐宿	ていしゅく	ともぼし	てんびん座
	房宿	ぼうしゅく	そいぼし	さそり座頭部
	心宿	しんしゅく	なかごぼし	さそり座中央部
	尾宿	びしゅく	あしたれぼし	さそり座尾部
	箕宿	きしゅく	みぼし	いて座南部
北方七宿玄武	斗宿	としゅく	ひきつぼし	いて座中央部（南斗六星）
	牛宿	ぎゅうしゅく	いなみぼし	やぎ座
	女宿	じょしゅく	うるきぼし	みずがめ座西端部
	虚宿	きょしゅく	とみてぼし	みずがめ座西部
	危宿	きしゅく	うみやめぼし	みずがめ座一部・ペガスス座頭部
	室宿	しっしゅく	はついぼし	ペガススの四辺形の西辺
	壁宿	へきしゅく	なまめぼし	ペガススの四辺形の東辺
西方七宿白虎	奎宿	けいしゅく	とかきぼし	アンドロメダ座
	婁宿	ろうしゅく	たたらぼし	おひつじ座西部
	胃宿	いしゅく	えきえぼし	おひつじ座東部
	昴宿	ぼうしゅく	すばるぼし	おうし座（プレアデス）
	畢宿	ひっしゅく	あめふりぼし	おうし座頭部（ヒアデス）
	觜宿	ししゅく	とろきぼし	オリオン座頭部
	参宿	さんしゅく	からすきぼし	オリオン座
南方七宿朱雀	井宿	せいしゅく	ちちりぼし	ふたご座南西部
	鬼宿	きしゅく	たまおのぼし	かに座中央部
	柳宿	りゅうしゅく	ぬりこぼし	うみへび座頭部
	星宿	せいしゅく	ほとおりぼし	うみへび座心臓部
	張宿	ちょうしゅく	ちりこぼし	うみへび座中央部
	翼宿	よくしゅく	たすきぼし	コップ座
	軫宿	しんしゅく	みつかけぼし	からす座

＊ 太 陽 系 の 主 な 天 体 ＊

太陽系に属する惑星、準惑星、小惑星、衛星のうち、主な天体を紹介。

恒星	惑星	衛星
太陽 (→P009)	水星(→P011)	—
	金星(→P013)	—
	地球(→P015)	月(→P029)
	火星(→P017)	フォボス(→P031)、ダイモス(→P031)
	木星(→P019)	イオ(→P033)、エウロパ(→P035)、ガニメデ(→p037)、カリスト(→P039)、アマルテア、ヒマリア、エララ、パシファエ、シノペ、リシテア、カルメ、アナンケ、レダ、テーベ、アドラステア、メティス
	土星(→P021)	ミマス、エンケラドス(→P041)、テティス、ディオネ、レア、タイタン(→P043)、ヒペリオン、イアペトス、フェーベ、ヤヌス、エピメテウス、ヘレネ、テレスト、カリプソ、アトラス、プロメテウス、パンドラ、パン
	天王星(→P023)	アリエル、ウンブリエル、チタニア、オベロン、ミランダ(→P045)
	海王星(→P025)	トリトン(→P047)、ネレイド
	準惑星	**衛星**
	冥王星(→P027)	カロン(→P049)、ニクス、ヒドラ、ケルベロス、ステュクス
	ケレス	—
	ハウメア	ヒイアカ、ナマカ
	マケマケ	S/2015 (136472) 1
	エリス	ディスノミア
	小惑星	ベスタ、イダ、マチルド、エロス、ガスプラ、イトカワ、リュウグウなど

＊ 月 齢 と 月 の 異 名 ＊

日ごとに形を変える月はさまざまな異名をもつ。月齢ごとの主な異名を記した。

月齢	異名	月齢	異名	月齢	異名
月齢 0	朔(さく)、新月	月齢 10	—	月齢 20	—
月齢 1	二日月、繊月(せんげつ)	月齢 11	—	月齢 21	下弦の月、下つ弓張(しもつゆみはり)、下の弓張(しものゆみはり)、弓張月(ゆみはりづき)、弦月(げんげつ)
月齢 2	三日月、初月(はつづき)、若月(わかつき)、眉月(まゆづき)、月の剣	月齢 12	十三夜(じゅうさんや)、十三夜様	月齢 22	二十三夜月(にじゅうさんやづき)、二十三夜待ち
月齢 3	—	月齢 13	待宵(まつよい)、小望月(こもちづき)、幾望(きぼう)	月齢 23	—
月齢 4	—	月齢 14	十五夜、満月、三五(さんご)、三五夜(さんごや)、望(ぼう)、望月(もちづき)、天満月(あまみつつき)	月齢 24	—
月齢 5	—	月齢 15	十六夜(いざよい)、既望(きぼう)	月齢 25	二十六夜月(にじゅうろくやづき)、有明の月、残月(ざんげつ)
月齢 6	上弦の月、上つ弓張(かみつゆみはり)、上の弓張(かみのゆみはり)、弓張月(ゆみはりづき)、弦月(げんげつ)	月齢 16	立待月(たちまちづき)、既生魄(きせいはく)	月齢 26	—
月齢 7	—	月齢 17	居待月(いまちづき)	月齢 27	—
月齢 8	—	月齢 18	寝待月(ねまちづき)、臥待月(ふしまちづき)	月齢 28	—
月齢 9	十日夜(とおかんや)、亥の子(いのこ)	月齢 19	更待月(ふけまちづき)、二十日月(はつかづき)、二十日夜中(はつかいなか)、夜中の月	月齢 29	晦(つきこもり)、三十日月(みそかづき)

※月齢0(新月)は、旧暦の一日(ついたち)の月。そのため、旧暦の十五日の月を意味する「十五夜」の月齢は14となる。

✳黄道十二宮のシンボルと意味✳

占星術(星占い)では12の星座を「黄道十二宮」に分類し、性格や運気を占う。

星座記号	十二星座	十二宮	黄道座標（当時）	性質	エレメント	象徴するイメージ
♈	おひつじ座	白羊宮（はくようきゅう）	0°〜30°	活動宮（開始）	火	前に進む、未知なる世界へと飛び出す
♉	おうし座	金牛宮（きんぎゅうきゅう）	30°〜60°	不動宮（維持）	地	何かを所有する、五感で感じ取る
♊	ふたご座	双子宮（そうしきゅう）	60°〜90°	柔軟宮（移行）	風	知識を得る、コミュニケーションを取る
♋	かに座	巨蟹宮（きょかいきゅう）	90°〜120°	活動宮（開始）	水	感じる、何かを育む
♌	しし座	獅子宮（ししきゅう）	120°〜150°	不動宮（維持）	火	何かを創造する、自己アピールする
♍	おとめ座	処女宮（しょじょきゅう）	150°〜180°	柔軟宮（移行）	地	批判や分析を行う、何かに奉仕する
♎	てんびん座	天秤宮（てんびんきゅう）	180°〜210°	活動宮（開始）	風	調和を保とうとする、交流する
♏	さそり座	天蠍宮（てんかつきゅう）	210°〜240°	不動宮（維持）	水	深く追い求める、何かに執着する
♐	いて座	人馬宮（じんばきゅう）	240°〜270°	柔軟宮（移行）	火	自由を求める、遠くへ飛翔する
♑	やぎ座	磨羯宮（まかつきゅう）	270°〜300°	活動宮（開始）	地	責任を持つ、自己管理を徹底する
♒	みずがめ座	宝瓶宮（ほうへいきゅう）	300°〜330°	不動宮（維持）	風	独立する、個性を発揮する
♓	うお座	双魚宮（そうぎょきゅう）	330°〜0°	柔軟宮（移行）	水	何かを信じる、共感する

「黄道十二星座」と「黄道十二宮」の違い

黄道とは、太陽の見かけの通り道のこと。太陽が星座の間を移動し、1年経つと1周して同じ星座の場所に戻ってくるように見えることから、黄道上にある12の星座を「黄道十二星座」と呼ぶ(現在はへびつかい座を含む13の星座がある)。

一方「黄道十二宮」は紀元前2世紀頃に生まれた占星術の考え方で、春分点(おひつじ座)を出発点として、天球上の黄道を均等に分けた12の領域のこと。現在は歳差(→P152)により春分点がうお座にあり、2100年前に決めた宮と星座が一致していないが、これに合わせると星占いのルールが変わってしまうため、当時のままにしている。

黄道十二星座

黄道十二宮

＊天体の記号と象徴する意味＊

古くから、占星術などでは太陽系の天体を表すために記号が用いられた。
占星術では、太陽、惑星、衛星、準惑星といった天体にそれぞれ象徴する意味をもたせており、
天球上の位置や動き方によって、その人の人生になんらかの影響を与えると考えられている。

天体	記号	シンボルの意味	占星術のキーワード
太陽	☉	太陽系の中心、太陽を表す。	輝き、自己、エゴ、自己表現
月	☽	三日月を表す。	サイクル、反射、内省、安心感
水星	☿	伝令の神メルクリウス（ヘルメス）の杖を表す。	スピード、コミュニケーション、知性
金星	♀	愛と美の女神ヴィーナス（アフロディテ）の手鏡を表す。	愛、魅惑、精神的な宝物、多産
地球	⊕	横棒は赤道、縦棒は子午線を表す。	特になし（占星術では地球の記号は使われない）
火星	♂	軍神マルス（アレス）の盾と槍を表す。	エネルギー、攻撃性、防衛、アクション、勝利
木星	♃	4番めの惑星なので数字の「4」を表す。「幸運（フォーチュン）」との語呂合わせもある。主神ユピテル（ゼウス）の落雷、鷲、又はゼウスの頭文字「Z」の説も。	幸運、成長、拡大、熱心
土星	♄	農耕の神サトゥルヌスの鎌の形を表す。5番目の惑星なので数字の「5」、教会や塔という説もある。	規律、制限、境界、伝統、統制
天王星	♅	金属の白金の錬金術記号にちなんだ形となっている。	独立、反抗、自由、人と異なる自分
海王星	♆	海神ネプチューン（ポセイドン）の三叉の槍を表す。	理想、幻想、感受性、自我からの解放
冥王星	♇	冥王プルートーの最初の頭文字の「P」と「L」を組み合わせた形。ローエル天文台の創始者パーシヴァル・ローウェルの頭文字でもある。	死、再生、避けられない変化、生まれ変わり
エリス	⯰	争いの女神エリスにちなんだ名前の準惑星。エリスの手の形を表す。	不和、争い
ジュノー	⚵	ローマ神話のユーノー（ギリシア神話ではヘラ）にちなんだ名前の小惑星。魔法の花の形を表す。	契約としての結婚、忠実なパートナー、嫉妬深い妻
ケレス	⚳	大地の女神デメテル（農業の女神ケレス）にちなんだ名の準惑星。収穫の鎌の形を表す。	収穫の女神、大地母神、食べ物、豊穣な大地、母親的な愛と献身
パラス	⚴	女神アテナの呼び名のひとつであるパラスの名にちなんだ小惑星。アテナの盾アイギスの形を表す。	知恵と正義の女神、男性性と女性性の葛藤と調和
ヴェスタ	⚶	ローマ神話の竈（かまど）の神ウェスタにちなんだ名前の小惑星。聖なる火の形を表す。	健康と家庭の女神、神に仕える乙女、無心になれる集中状態
キロン	⚷	半人半馬のケイローンにちなんだ名前の準惑星。発見者チャールズ・トーマス・コワルの頭文字Kを表す。	セラピスト、傷ついた癒し人、偉大なる教師、永遠に癒やされない心の痛み
リリス	⚸	発見者のリリ・ブーランジェや、ギリシア神話の悪魔リリスが由来の小惑星。占星術では、地球のもうひとつの衛星リリス（架空の天体）の意味もある。	ダーク・マザー、秘めた願望や欲望、理性の崩壊、ダークサイド、黒い月

※占星術（星占い）は科学的な根拠に基づく研究ではないため、現代の天文学とは関係のないものです。

本書に登場する天体にまつわる主な用語を50音順に解説している。
8つの基本用語（恒星、惑星、衛星、彗星、星座、星雲、星団、銀河）はP006を参照。

◆ **α星（アルファせい）**

恒星を表すバイエル符号。ひとつの星座の中で、基本的にもっとも明るい星からα星、β（ベータ）星、γ（ガンマ）星…とギリシア数字の小文字で示す。ギリシア数字についてはP147を参照。

◆ **暗黒星雲（あんこくせいうん）**

星雲の種類のひとつ。低温のガスやちりが集まったもので自ら輝くことはない。明るい天体の光をさえぎるため、黒い影が浮かび上がる。

◆ **1等星（いっとうせい）**

星の明るさを示す単位を等級といい、地球から肉眼で見える星は明るい順に1等星から6等星まである。六等の100倍の明るさの星が1等で、これより明るい星を含めて全天で21個ある。1等星の一覧はP147を参照。

◆ **渦巻銀河（うずまきぎんが）**

銀河の種類のひとつ。明るい中心部の周りを恒星の集まりが2本の腕のように渦巻いている銀河。中心部は年老いた恒星、渦巻の部分は若い恒星や星間物質が多い。

◆ **NGC（エヌジーシー）**

デンマークの天文学者ドライヤーがニュー・ジェネラル・カタログにまとめた天体のこと。New General Catalogの頭文字NGCをつける。NGC224（アンドロメダ銀河）など。

◆ **輝線星雲（きせんせいうん）**

散光星雲の一種。近くにある恒星の光で温められたガスやちりが電離し、自ら輝く星雲。

◆ **球状星団（きゅうじょうせいだん）**

星団の種類のひとつ。数万個～数百万個の比較的年老いた恒星が球状に集まった星団。

◆ **銀河群（ぎんがぐん）**

複数の銀河同士がお互いに引き合って集まったグループのうち、数十個と比較的規模が小さいもの。天の川銀河（銀河系）やアンドロメダ銀河が属する直径約600万光年の領域にある銀河群を「局部銀河群」という。

◆ **銀河団（ぎんがだん）**

複数の銀河同士がお互いに引き合って集まったグループのうち、数百～数千個の銀河が集まった規模の大きなグループ。代表的なものに「おとめ座銀河団」がある。さらに規模の大きいものは「超銀河団」と呼ばれる。

◆ **夏至点（げしてん）**

春分点を0°とした黄道の経度（黄経）が90°の点。ここに太陽があるときを夏至という。

◆ **黄道（こうどう）**

天球上における太陽の通り道。地球から見た場合の太陽の動きを表す大きな円。黄道十二星座についてはP150を参照。

◆ **光年（こうねん）**

星までの距離を測る際に用いる長さの単位。秒速30万kmの光が、1年間に進む距離（約9兆4600億km）を1光年とする。

◆ **歳差（さいさ）**

地球の地軸が公転面に対して約23.4度傾いていることから生じる地球の動きを歳差運動という。太陽や月、惑星の引力の影響が原因。地軸は約2万6000年の周期で、半径約23.4度の円を描くように動くため、地軸の先にある北極星となる恒星も変わる。

◆ **散開星団（さんかいせいだん）**

星団の種類のひとつ。数十個～数千個の比較的若い恒星が不規則に集まった星団。代表的なものにプレアデス星団などがある。

◆ **散光星雲（さんこうせいうん）**

星雲の種類のひとつ。恒星の光で温められたガスやちりが自ら光る輝線星雲や恒星の光を反射して輝く反射星雲などがある。

◆ **重星（じゅうせい）**

地球から重なり合うように近くに見える星。2つの場合は二重星、3つの場合は三重星と呼ぶ。実際には距離が遠く、重力で引き合っていない星の場合は「見かけの重星」として「連星」と区別をする。

◆ **秋分点（しゅうぶんてん）**

天球上の天の赤道と太陽の通り道である黄道が交わる点のうち、太陽が天の赤道の北から南へと移動するときの交点。

◆ **春分点（しゅんぶんてん）**

天球上の天の赤道と黄道が交わる点のうち、太陽が赤道の南から北へと移動するときの交点。かつてはおひつじ座にあったが、現在はうお座にある。

◆ **準惑星（じゅんわくせい）**

冥王星のように、太陽の周りを回っていて十分な

質量をもち、ほぼ球状だが、惑星のように軌道近くのほかの天体をその軌道領域から排除できていない太陽系の天体。

◆ 小惑星（しょうわくせい）

太陽の周りを公転している小さな天体のうち、彗星以外のもの。特に火星と木星の間に多数存在する。イトカワ、リュウグウなど。

◆ 青色巨星（せいしょくきょせい）

太陽よりも質量が大きく、数千～数万倍の明るさをもつ恒星。さらに大きな場合は「青色超巨星」と呼ぶ。代表的な青色巨星はおとめ座のスピカ、青色超巨星はオリオン座のリゲルがある。

◆ 星図（せいず）

恒星や星雲、星団などの天体の位置や明るさを平面状に記した地図。

◆ 正中（せいちゅう）

天体が子午線（天球上で天の北極～天頂～天の南極を通る大円）を通過すること。

◆ 赤色巨星（せきしょくきょせい）

年老いた恒星が膨張し、外層が低温になって赤く見える星。その後、白色矮星となる。

◆ 赤色超巨星（せきしょくちょうきょせい）

太陽の8倍以上の恒星が年老いたときに膨張し、外層が低温になって赤く見える星。その後、超新星爆発を起こす。

◆ 楕円銀河（だえんぎんが）

銀河の種類のひとつ。楕円の形に星々が集まった銀河。星間物質が少なく、比較的年老いた恒星が集まっている。

◆ 超新星爆発（ちょうしんせいばくはつ）

赤色超巨星となった恒星が寿命を迎え、最後に自らを吹き飛ばす大爆発を起こすこと。その後、星の質量に応じて中性子星やブラックホールになる。

◆ 超新星残骸（ちょうしんせいざんがい）

太陽の8倍以上の質量の恒星が寿命が尽きて大爆発を起こしたときに、吹き飛ばされた星間物質が高温となり、輝いている天体。

◆ 潮汐力（ちょうせきりょく）

ある天体がほかの天体の重力で引き伸ばされる力。この力によって地球では潮の干満が引き起こされる。

◆ 天球（てんきゅう）

地球上の観測者を中心として天を見上げた場合に、球体状に見える仮想の天の形。恒星などの天体はすべて天球上に記すことができる。

◆ 冬至点（とうじてん）

春分点を0°とした黄道の経度（黄経）が270°の点。ここに太陽があるときを冬至という。

◆ 二重星（にじゅうせい）

→「重星（じゅうせい）」の項目を参照。

◆ バイエル符号（バイエルふごう）

ドイツのヨハン・バイエルが考案した、恒星の学名を記す際の記号。α、β、γ…とギリシャ文字を使用する。当時は恒星の明るさを目で確認していたので、現在の等級の順とは異なる場合がある。

◆ 白色矮星（はくしょくわいせい）

太陽の8倍以下の質量をもつ恒星は、寿命を迎えるときに膨張して赤色巨星となる。その後、ガスを放出して中心核だけが残ったものが白色矮星。高温で白く輝く小さな星。

◆ 反射星雲（はんしゃせいうん）

散光星雲の一種。近くにある恒星の光をガスやちりが反射することで輝いて見える散光星雲の一種。

◆ 変光星（へんこうせい）

恒星のうち、時間の経過で明るさが変化する星。変化の原因はさまざま。代表的な変光星にペルセウス座のアルゴルやくじら座のミラがある。

◆ 棒渦巻銀河（ぼううずまきぎんが）

銀河の種類のひとつ。中心部分が棒のような形をしており、周囲を恒星の集まりが2本の腕のように渦巻いている銀河。

◆ メシエ天体（メシエてんたい）

フランスの天文学者メシエが番号をつけてまとめた星雲・星団、銀河のこと。メシエの頭文字Mをつける。M31（アンドロメダ銀河）など、天体につけられた番号をメシエ番号という。

◆ 連星（れんせい）

近い距離にある2つ以上の恒星が重力で引き合い、お互いの周りを公転している星。明るい方を主星、暗い方を伴星と呼ぶ。

◆ 惑星状星雲（わくせいじょうせいうん）

星雲の種類のひとつ。膨張した赤色巨星から放出されたガスが、中心核から受けた紫外線で電離して輝く星雲。太陽ほどの質量の恒星が寿命を迎えたときに生まれる。

Celestial art collection

本書に掲載している全63の天体を描くにあたって、どのようなことを意識したのかを著者が解説。本書のイラストの大きな特徴は天体を擬人化している点。天体の歴史は、人間が積み上げてきた文化の象徴ともいえるため、基本的には人型を崩さないように意識して描かれている。天文学的な情報や地質学的な特徴はもちろん、名前や神話の内容、見た目からのインスピレーションも仕上がりに大きく影響している。どの情報を取り入れてアウトプットしているかという点で、創作者ならではの視点と感性を感じることができる。

太陽
放射状に燃えるドレスや足元の炎で燃え盛る太陽を表現しています。少しだけ怖さも出したかったので顔は左右対称風です。

水星
水星がもつ巨大な金属コアと大量のクレーターをモチーフにしたデザインです。足元は重々しいですがポーズは軽やかにしています。

金星
灼熱の星を表現するため所々に溶けたようなデザインを入れていますが、恒星ではないので全体的な雰囲気は涼やかにしています。

地球
大気のストール、海洋のドレス、植物の冠、大陸のような肌の模様、足元には人類や生物の血生臭さを含んだデザインです。

火星
ドレスは砂嵐や砂丘をイメージしています。帽子と靴は火星の南極と北極にある極冠の模様をモチーフにしたお揃いのデザインです。

木星
木星の不気味で美しい雲模様を落とし込んだドレスです。大赤斑や極地方のサイクロンをイメージして沢山の渦を描き込みました。

土星
木星と同様にガス惑星なので浮遊感のあるポーズにしています。土星の環は主に氷の粒なので、キラキラした粒をまとわせています。

天王星
オーロラカラーがアクセントの無地のドレスです。足元から流れるカケラは氷やダイヤのイメージで、輪のように漂わせています。

海王星
寒くて暗い星なので静かで落ち着いた雰囲気を意識して描きました。天王星と同様に氷やダイヤのイメージも取り入れています。

冥王星
冥王星の表面の明るい領域と暗い領域のコントラストを生かしたスーツ風の衣装です。魅力的なまだら模様を全面に出しています。

月
月は人類のあらゆる学問に深い関わりがあるので、知的でアカデミックな印象になるようにデザインしました。

フォボスとダイモス
よく似た2つの衛星です。姉妹のような距離感を出したかったので、シミラールック風の衣装にしています。

イオ
噴煙をまとったイメージで、硫黄の鮮やかで強烈な黄色をたっぷり使いました。インパクトのある個性的な印象を意識しています。

エウロパ
縦横に走る割れ目模様をモチーフにデザインしました。滑らかな見た目の星なので陶器肌をイメージしています。

P036

ガニメデ
部分的にかなり古い年代の地表を
もっているためヴィンテージ風の
ファッションにしました。

P038

カリスト
いつまでも残り続けるクレーター
をイメージして、ジャケットの裾
や足元に穴が空いたようなデザイ
ンを入れています。

P040

エンケラドス
太陽系でもっとも白い天体のエン
ケラドスは真っ白な衣装です。氷
の火山をもつことから、鋭く冷や
やかな印象のデザインにしました。

P042

タイタン
豊富な大気をもつタイタンは、生
命体の可能性を感じさせるような
デザインにしたかったので、水滴
と気体をモチーフにしました。

P044

ミランダ
極端な地形に独特の美しさがある
ので、その形状を生かしてデザイ
ンしました。天体衝突説を元に
所々を破損させています。

P046

トリトン
地下にある海の可能性や希薄な大
気をイメージしたデザインです。
カンタロープ地形から連想して衣
装に編み上げを取り入れました。

P048

カロン
褐色の領域はカロン形成時の天体
衝突の名残りという説を元に、褐
色の破片を散りばめています。

P050

ハレー彗星
彗星の素早いイメージを表現する
ために軽やかなポーズにしました。
星が散らばったようなポップな雰
囲気のファッションです。

P052

ラブジョイ彗星
アルコールから連想してワイン
レッド色を使用しています。愛ら
しい名前にちなみ、ワンポイント
にハートマークを描き込みました。

P056

ポラリス
動かないで見える北極星を表現す
るため、周囲を流れてゆく雲や星
をイメージしたストールを巻いて
います。

P058

アルクトゥルス
麦星とも呼ばれていることからデ
ザインに麦を取り入れています。
太陽よりは穏やかな暖かいオレン
ジ色の光をイメージしています。

P060

アルファルド
足元はうみへびをイメージして衣
装の裾には炎の要素を取り入れて
います。周囲に明るい星がない事
から濃紺を混ぜた配色にしました。

P062

ベガ
こと座のベガは弦をモチーフのひ
とつにしています。落ちる鷲とい
う意味から着地するようなポーズ
で羽を散りばめました。

P064

アルタイル
飛ぶ鷲という意味から羽や炎が舞
い上がるようなイラストにしまし
た。ベガと対になるようにいくつ
かの共通点を入れています。

P066

デネブ
雌鳥の尾をイメージした黄金色の
羽のアクセサリーを取り入れまし
た。さりげなくはくちょう座の十
字の要素も入れています。

P068

アルビレオ
もっとも有名な二重星ということ
でオッドアイのデザインです。天
上の宝石に例えられることから沢
山の宝石を身に付けています。

P070

フォーマルハウト
みなみのうお座であり魚の口という意味をもつことから、魚の鱗をデザインに取り入れました。瑞々しい炎をイメージしています。

P072

アルゴル
悪魔と関連のある星ということで、ダークでアンニュイな雰囲気を意識しました。変光星らしくグラデーションを入れています。

P074

ミラ
不思議な星という意味をもつため、ミステリアスで少し怪しい雰囲気が出るようにデザインしました。

P076

シリウス
犬耳をモチーフにしたヘアスタイルです。美しさとかっこよさを表現したのでドレスチックなパンツスタイルにしました。

P078

プロキオン
シリウスと同様に犬耳をモチーフにした垂れ耳風ヘアスタイルです。犬の先がけという意味から身軽で活発な印象を意識しました。

P080

ベテルギウス
赤色超巨星らしく悠然としていて威厳のある印象を表現出来るように描きました。貫禄のある美しさをイメージしています。

P082

リゲル
青色超巨星のイメージから煌びやかな装飾を沢山取り入れました。青白い光をグラデーションで表現しています。

P084

カペラ
1等星の中で最北に位置するのでニット風のロングドレスにしました。雌山羊を意味するため山羊のような少し眠たそうな表情です。

P086

カノープス
幸福感と祝福をイメージして描きました。日本からは本来より暗く赤っぽい色に見えるため白と赤紫を使用した配色です。

P088

バラ星雲
花びらのように広がる形が美しいので、裾から繋がるようなイメージで星雲をそのままドレスに落とし込みました。

P090

プレアデス星団
ドレスの中に星団が広がっているイメージです。星たちが目立つように、コントラストを強めにしました。

P092

天の川銀河
ドレスの模様として天の川を描き込んでいます。裾の表現は川をイメージし、装飾は銀河らしく沢山の星や天体を散りばめています。

P094

アンドロメダ銀河
天の川と同様に沢山の天体を散りばめています。天の川よりもミステリアスで近寄りがたい雰囲気になるように描きました。

P096

ブラックホール
ドレスに落とし込む表現ではなく、飲み込まれていくような雰囲気を出したかったので、画面のあらゆる部分をわざと歪めています。

P100

おひつじ座
髪も洋服も全身もこもこなデザインです。くっついている毛玉や毛糸のようなほつれ糸によって羊っぽさを表現しています。

P102

おうし座
ツートンカラーの髪とアシメントリーなモノクロファッションのデザインです。靴下にさりげなくホルスタイン柄を使用しています。

ふたご座
仲良く寄りそうカストルとポルックスの星たちをイメージしたポーズです。ポーズが映えるように色違いのデザインにしています。

かに座
蟹のハサミとリボンを組み合わせたデザインのドレスです。手のポーズも蟹のハサミをイメージしています。

しし座
爪痕や骨をモチーフに入れています。神話ベースの血生臭い印象にするのは避けたかったので自由気ままさを押し出しています。

おとめ座
神話をモチーフに女神をイメージしたデザインです。愛らしくしたたかで芯のある雰囲気を出したかったので表情にこだわりました。

てんびん座
アストレアの天秤が元になったという説から、おとめ座と対になるようなポーズにしました。髪の装飾は分銅をイメージしています。

さそり座
蠍の尾をイメージしたヘアスタイルです。毒々しさは控えめに、ポップで鮮やかな配色にしました。

いて座
狩人から連想し、草花をあしらった衣装にしました。新緑のような色味のドレスと白い花の組み合わせで自然を表現しています。

やぎ座
ヴィンテージ風のパンツスタイルです。神話では魚の尾をもつ事から、魚の骨をイメージしたアクセサリーを身に付けています。

みずがめ座
波線と雫をモチーフにした衣装です。青色を目立たせるためにリップとジャケットの裏地を赤色にしました。

うお座
魚の鱗やヒレをイメージした人魚チックなドレスです。ただし神話では人魚ではないので、足元は人型をベースにしました。

へびつかい座
名医アスクレピオスにちなんで白衣をモチーフにした衣装にしました。足やタイトドレスには蛇皮の模様を入れています。

おおぐま座
熊をイメージして、可愛らしさを出しつつ鉤爪のインパクトがあるデザインの衣装です。尻尾は神話に合わせた形状にしました。

カシオペヤ座
王妃カシオペヤにちなんだロイヤルな衣装です。肖像画のようなポージングで、古風で高貴な雰囲気が出るように意識しました。

ペガスス座
ペガサスの羽をイメージしたオーロラカラーのストールと、ロマンチックな色味のドレスです。空想的な雰囲気を意識しました。

りゅう座
龍をイメージしたボリューム感のある衣装です。神話を元に、黄金のリンゴをワンポイントに入れています。

かんむり座
シックで高級感のある冠をイメージしています。神話では宝石を飾った冠とあるので、ドレスに宝石を散りばめました。

Celestial art making

天体の情報をヒントに、どのようにキャラクターをビジュアル化していくのか。
イラストレーター・梅田あいなのイラストメイキングの秘訣を恒星シリウス(→P076)を例に紹介してもらった。

使用ソフト ▶ Procreate
(機材はiPadを使用。仕上げにCLIP STUDIO PAINTやPhotoshop、Illustratorを使用する場合もある)

1 アイデアスケッチ
モチーフやキーワードをもとにアイデアをスケッチする

天体をビジュアル化する場合、まずは物質的な特徴をある程度理解したほうがデザインをしやすいので、最初に天体の地質や性質に注目します。その天体について、書籍やインターネットで調べたり、関連する映画や音楽などを聴いたりして、情報をインプットしていきます。

そうすることで、自然とアイデアが浮かびやすくなります。もし、イラストのイメージに煮つまったときは、いろいろなものを見聞きするように心がけています。

基本情報
明るさや色、伴星の有無といった天体の特徴を書き出します。そのほか名前の由来や、星座の物語など特徴になりそうなものもメモします。

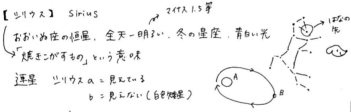

足下
恒星はドレスの裾や靴を燃やして炎の印象が強く出るように意識。ガス惑星は浮遊感を意識するなど、物質的な特徴を落とし込みます。

顔・表情
シリウスはおおいぬ座の印象が強いので、犬要素を取り入れました。こいぬ座のプロキオンは可愛い系のデザインにしたかったので、シリウスはクールな雰囲気が出るような顔立ちにしました。

衣装
キャラクターのイメージに合わせた衣装を考えます。自身の洋服やアクセサリー、ファッション関連の書籍などを参考にすることもあります。

2 線画ラフ
スケッチをもとに人物をラフに起こしていく

キャラクターの方向性が定まったら、人物をラフに起こします。このとき、服やアクセサリーなどのおおよそのデザインも描きこみます。服やアクセサリーといった細かなアイデアに関しては、日常的に気に入ったデザインをスケッチブックやスマートフォンのメモ帳に記録しているので、そこが大きな引き出しになっています。

3 カラーラフ
ラフに色をのせてモチーフのイメージカラーを決める

線画ラフを終えたら、カラーラフを作成します。先におおよその色を決めておく理由は、完成に近いイメージを確認しながら調整しておきたいからです。また、ラフの段階で考える作業を終わらせたいという理由もあります。絵を描くときは試行錯誤をする時間が長いので、ラフは考える工程、清書は描き込む工程というイメージで進めています。

4 線画・仕上げ
デザインを調整しながら線画を整え着彩していく

カラーのイメージも定まったら、いよいよ清書へと進んでいきます。線画、着彩と進みますが、このときデザインに微調整を加えることもあります。ただ、私の場合、色を塗った後でさらに上から厚塗りのように塗り込む工程があるので、線画に時間をかけすぎないようにしています。最後の塗り込む段階は、イラストの仕上がりを整える大切な工程なので、一番時間をかけるようにしています。最後に天体と名前、枠などを追加して完成です。

完成

著者

梅田あいな　うめだ あいな

岐阜県出身、関東在住。名古屋造形大学卒業後、デザイン事務所、エンターテイメント企業での経験を経て、現在はイラストレーター、アートディレクター、デザイナーとして活動している。幼い頃から地元の山で星々自然を眺めることが好きだった影響から、天体や動植物をテーマにした作品を多く制作している。

監修者

渡部潤一　わたなべ じゅんいち

1960年、福島県生まれ。東京大学大学院、東京大学東京天文台を経て、現在、自然科学研究機構国立天文台上席教授、総合研究大学院大学教授。理学博士。国際天文学連合副会長。流星、彗星など太陽系天体の研究の傍ら、最新の天文学の成果を講演、執筆などを通してやさしく伝えるなど、幅広く活躍している。1991年にはハワイ大学客員研究員として滞在、すばる望遠鏡建設推進の一翼を担った。国際天文学連合では、惑星定義委員として準惑星という新しいカテゴリーを誕生させ、冥王星をその座に据えた。

デザイン	八田さつき
DTP	高 八重子
編集協力	えいとえふ

＊主な参考文献
『理科年表2023』国立天文台(丸善出版)／『ぜんぶわかる宇宙図鑑』渡部潤一監修(成美堂出版)／『太陽系大図鑑』渡部潤一監修(ニュートンプレス)／『ポプラディア大図鑑WONDA 星と星座』渡部潤一監修(ポプラ社)／『星座大全 春の星座、夏の星座、秋の星座、冬の星座』藤井旭(作品社)／『全天星座百科』藤井旭(河出書房新社)／『宙の名前』林完次(角川書店)／『創作ネーミング辞典』学研辞典編集部(学研プラス)／『幻想世界ネーミング辞典 15ヵ国語＆和』ネーミングワード研究会(電波社)

Celestial Art Exhibition 天体の事典

2023年12月20日発行　第1版

著　者	梅田あいな
監修者	渡部潤一
発行者	若松和紀
発行所	株式会社 西東社
	〒113-0034　東京都文京区湯島2-3-13
	https://www.seitosha.co.jp/
	電話　03-5800-3120（代）

※本書に記載のない内容のご質問や著者等の連絡先につきましては、お答えできかねます。

ISBN　978-4-7916-3263-3